MAYER: AKTUELLE FORSCHUNGSPROBLEME
AUS DER PHYSIK DÜNNER SCHICHTEN

AKTUELLE
FORSCHUNGS-PROBLEME
AUS DER PHYSIK
DÜNNER SCHICHTEN

VON

PROFESSOR DR. HERBERT MAYER

MIT 69 ABBILDUNGEN

MÜNCHEN 1950
VERLAG VON R. OLDENBOURG

HERRN PROFESSOR

DR. WALTHER GERLACH

GEGENWÄRTIG RECTOR MAGNIFICUS

DER UNIVERSITÄT MÜNCHEN

ZUM 60. GEBURTSTAG

VORWORT

Es ist ein alter, schöner Brauch, zu Geburtstagen mit den besten Glück-
wünschen auch einen bunten Blumenstrauß zu überreichen. Ein besonderer
Geburtstag rechtfertigt auch einen besonderen Blumenstrauß. Die folgende
Zusammenstellung einiger teils gelöster, teils ungelöster Forschungsprobleme
will nichts weiter sein als ein solch bunter Blumenstrauß aus teils voll-
erblühten, teils noch knospenhaften Blumen, die von den Wiesen der physikalischen Forschung gepflückt und zusammengebunden wurden.

Trotz ihrer Buntheit besteht jedoch eine innere Zusammengehörigkeit der
behandelten Probleme bzw. Problemkreise; denn neuere Forschungserfolge
von grundlegender Bedeutung und wichtige technische Fortschritte rücken
die „Dünne Schicht" und die experimentelle Methodik, die sich ihrer seit
Jahrzehnten sowohl als Hilfsmittel als auch als Objekt der Forschung bedient, in ständig zunehmendem Maße in den Blickpunkt des Interesses. Da
ferner die ebenfalls immer mehr an Bedeutung gewinnende Grenzflächenforschung, in deren Rahmen die dünne Schicht eine besonders wichtige Rolle
spielt, sich in diesen Jahren im Stadium der Entwicklung zu einem selb-
ständigen Forschungsgebiet befindet, erscheint der Versuch gerechtfertigt,
an einigen charakteristischen Beispielen die weite Spanne der Probleme aufzuzeigen, die mit der Methode der dünnen Schichten mit Erfolg bearbeitet
wurden bzw. bearbeitet werden können, und die weit über das Gebiet der
Physik hinaus in die Nachbargebiete der Chemie, Physiologie usw. hinein-
reichen. Durch eine stärkere Betonung des Gemeinsamen soll die heute oft
noch bestehende, fast völlige Beziehungslosigkeit der weit auseinander-
liegenden Gebiete überbrückt und damit der Aufgabe einer ersten Ordnung
des weiten, zur Selbständigkeit heranreifenden Gebietes einer Physik der
Grenzflächen gedient werden. Der Leser wird auf kürzestem Wege, in möglichst einfach gehaltener Darstellung und ohne viel Ballast, bis an jene Stellen
herangeführt, wo die Forschung heute steht.

Der Verfasser ist den Herren Prof. Dr. Walter Rollwagen und Dr. H.
Schröder für die Durchsicht des Manuskriptes und manche wertvolle Hinweise und Ratschläge zu Dank verpflichtet. Besonderen Dank möchte er
Fräulein Doldi sagen, die trotz stärkster dienstlicher Inanspruchnahme in
ihrer karg bemessenen Freizeit auch noch die Niederschrift dieses Manuskriptes in uneigennützigster Weise besorgte, um das rechtzeitige Erscheinen
dieses Geburtstagsgeschenkes für ihren Chef überhaupt zu ermöglichen.

Dem Verlage, der mit außergewöhnlichem Entgegenkommen den Druck
des Büchleins in vollendeter Weise und in kürzester Frist durchführte, sei
ebenfalls besonders gedankt.

München, den 15. April 1949.

Herbert Mayer

INHALTSVERZEICHNIS

BILDERNACHWEIS

Abb. 43 und 45. Justi, Leitfähigkeit und Leistungsmechanismus fester Stoffe.
Göttingen: Vandenkoek & Ruprecht 1900
Abb. 15a. Schaefer, Theoretische Physik Bd. II. Berlin: Walter de Gruyter & Co. 1900
Abb. 3. Vomer, Kinetik der Phasenbildung. Dresden: Theodor Steinkopff 1900
Abb. 28c. Zeitschrift „Röntgenblätter" Bd. I. Baden-Baden: Verlag Kunst und Wissenschaft. 1948
Abb. 17. Zeitschrift „Annalen der Physik" V. Folge Bd. 31. Leipzig: Ambrosius Barth. 1948
Abb. 22, 23, 24 und 25. Zeitschrift „Optik" Bd. 3.
Stuttgart: Wissenschaftliche Verlagsgesellschaft Dr. Roland Schmiedel 1948
Abb. 16. Zeitschrift „Reichsberichte für Phyik" Bd. 1. Stuttgart: Hirzel 1944
Abb. 9. Zeitschrift für Physik Bd. 108. Berlin: Springer 1938
Abb. 7 und 8. Zeitschrift für Physik Bd. 116. Berlin: Springer 1940
Abb. 19, 20 und 21. Zeitschrift für Physik Bd. 119. Berlin: Springer 1942
Abb. 50 und 51. Zeitschrift für Physik Bd. 124. Berlin: Springer 1948
Abb. 41 und 42. Zeitschrift „Naturwissenschaften" Bd. 33. Berlin: Springer 1946

EINLEITUNG

Mit den „Farben dünner Blättchen" begann zur Zeit Newtons ($\sim$ 1670) die Physik dünner Schichten. Nach nahezu 300 jähriger Entwicklung kehrt sie mit den heute in erfolgreicher Entwicklung befindlichen Interferenzfiltern aus dünnen Schichten auf ungleich höherer Ebene zu den Farben dünner Blättchen zurück. Den ursprünglich engen Rahmen hat sie durch erfolgreichste Anwendung der auf gleichem Prinzip beruhenden reflexionsvermindernden und reflexionserhöhenden dünnen Schichten auf Glas-, Quarz- und Metalloberflächen weit überschritten. Sie ist eben daran, ihn in der erfolgreichen Entwicklung von Polarisatoren aus dünnen Schichten aufs neue zu erweitern. Den Erfolg der hier durchlaufenen Entwicklung und ihre Bedeutung, nicht nur für die Physik, sondern in ständig zunehmendem Maße auch für die Technik, erkennt man am besten etwa an der Tatsache, daß es heute mittels geeigneter dünner Schichten möglich ist, die Reflexion von Licht durch Glasoberflächen innerhalb breiter, je nach Wunsch bestimmbarer Wellenlängenbereiche fast völlig zum Verschwinden zu bringen; oder, daß das Reflexionsvermögen von Metalloberflächen bis auf 100% erhöht werden kann, wobei gleichzeitig die empfindlichen spiegelnden Oberflächen gegen äußere mechanische oder chemische Einwirkungen aller Art durch die aufgedampften dünnen Schichten geschützt werden; oder, daß mit kleinen Plättchen, aus wenigen dünnen Schichten bestehend, aus einem breiten Wellenlängengebiet jeder gewünschte, schmalste Bereich mit einer Schärfe auszufiltern ist, wie man es sonst im allgemeinen nur mit kostbaren Doppelmonochromatoren zu erreichen vermag[1].

In diesen Interferenzerscheinungen zeigte sich die dünne Schicht zum ersten Male als eine besondere Zustandsform der Materie. Diese beruht darauf, daß zwei der Grenzflächen durch die Verkleinerung der einen von den drei Dimensionen schließlich so nahe aneinander rücken, daß nicht nur typische Grenzflächen- oder Grenzschichtenwirkungen in verstärktem Maße oder ausschließlich auftreten, sondern daß neue besondere Wirkungen hinzukommen.

In diesen Tatsachen liegt ein erster charakteristischer Wesenszug der dünnen Schicht in ihrer Bedeutung für Forschung und Technik begründet. Für die wissenschaftliche Grenzflächenforschung liegt dabei das Schwergewicht der Bedeutung mehr auf der Verstärkerwirkung typischer, auch am massiven Körper vorhandener Grenzschichtwirkungen und die dünne Schicht ist dabei teils Hilfsmittel, teils selbst Gegenstand der Forschung. Für die technische Anwendung ist das Auftreten neuer spezifischer Wirkungen von der größeren Wichtigkeit.

Diese erste Entwicklung der Physik dünner Schichten, die durch die Entdeckung der Farben dünner Blättchen ausgelöst worden war, vollzog sich nur in einem Teilgebiet der Physik, der Optik und auch in dieser wieder nur in einem engen Teilbereich. Ein Jahrhundert nach dieser Entdeckung wurden

---

[1] Siehe dazu H. Mayer: Physik dünner Schichten, Bd. I, (Optik); Stuttgart 1949, im folgenden immer als Ph. d. Sch. zitiert.

jedoch ähnliche Entwicklungen fast gleichzeitig auf den verschiedensten Gebieten der Physik angestoßen und in schnellen Fluß gebracht.

Als besonders kennzeichnend sei ein Beispiel aus dem Gebiete des Magnetismus herausgegriffen. Im Jahre 1860 will Beetz[1] die in den damaligen Erörterungen über das Wesen des Magnetismus grundlegende Frage experimentell entscheiden, ob das der Magnetisierung zugrunde liegende Elementarphänomen entsprechend der Ampèreschen Hypothese in einer Drehung von Molekularmagneten, oder aber entsprechend der Hypothese von Coulomb und Poisson in einer Scheidung zweier Magnetismen bestehe. In der Art und Weise, wie Beetz seinen Versuch ansetzt, offenbart sich gegenüber dem in den Interferenzerscheinungen an dünnsten Schichten zutage tretenden ersten charakteristischen Wesenszug der dünnen Schichten ein zweiter und dritter.

Beetz, von der Vorstellung Ampères ausgehend, daß sich die in jedem magnetisierbaren Körper vorhandenen Elementarmagneten unter der Wirkung eines äußeren Feldes ausrichten, will ein vollkommen magnetisiertes Stück Eisen dadurch herstellen, daß er in einem Elektrolyt gelöste, frei bewegliche Eisenatome in einem äußeren Felde ausrichtet und diese ausgerichteten Elementarmagnetchen nun gewissermaßen Stück nach Stück unter der Wirkung des Feldes nebeneinander setzt in einer dünnen Schicht zunehmender Dicke, indem er sie elektrolytisch niederschlägt. Der Grundgedanke der Versuche und damit gleichzeitig der zweite charakteristische Wesenszug der dünnen Schichten ist also der, vom atomaren oder molekularen Baustein ausgehend, den makroskopischen Körper mit seinen charakteristischen Eigenschaften aufzubauen.

Genau wie im Falle der Interferenzerscheinungen sehen wir aber auch hier im Gebiete des Magnetismus die Physik dünner Schichten nach 100-jähriger Entwicklung zu ihrem Ausgangspunkt zurückkehren, nämlich zu der Frage nach dem Elementarphänomen, das der makroskopischen Erscheinung des Ferromagnetismus zugrunde liegt. Aber auch diese Rückkehr erfolgt entsprechend der in der Zwischenzeit zurückgelegten Entwicklung auf ungleich höherer Ebene. Wenn König[2] in seinen erfolgreichen Versuchen aus jüngster Zeit die Größe der Weiß-Heisenbergschen Elementarbereiche des Ferromagnetismus mit Hilfe der experimentellen Methodik dünner Schichten bestimmen will, so ist diese Frage der von Beetz durchaus wesensgleich. In der Art der Durchführung aber, in der durch Aufdampfen im Vakuum Eisenatom neben Eisenatom auf einen Träger aufgebracht und die Atome in dünner Schicht solange aneinandergefügt werden, bis die Größe der Weiß-Heisenbergschen Elementarbereiche erreicht ist und mit diesem strukturellen Zustand der Ferromagnetismus einsetzt, offenbart sich aufs deutlichste der eben erwähnte zweite Wesenszug der experimentellen Methodik der dünnen Schicht: daß sie es ermöglicht, ausgehend vom isolierten Einzelatom durch Zusammenbau solcher, den makroskopischen Körper mit seinen charakteristischen Eigenschaften aufzubauen, über alle möglichen und oft sehr interessanten Zwischenzustände.

Der dritte Wesenszug, der hier aufs deutlichste zutage tritt, ist der, daß die dünne Schicht die experimentelle Analyse makroskopischer, physikalischer

[1] Beetz, W.; Pogg. Ann. 111, 107, 1860.
[2] König, H.; Naturwiss. 33, 71, 1946.

Erscheinungen dadurch ermöglicht, daß sie es gestattet, zu den diesen zugrunde liegenden molekularen oder atomaren Elementarvorgängen vorzudringen.

Je nach der Eigenart der untersuchten physikalischen Erscheinungen beruht nun die Bedeutung der dünnen Schicht, die sie auch in den anderen großen Teilgebieten der Physik gewann, bald auf dem einen, bald auf dem anderen der drei genannten wichtigsten Wesenszüge.

Bringt sie eine Verstärkung typischer Grenzflächenerscheinungen oder ruft sie neue Grenzschichtwirkungen hervor, so betrifft ihre Bedeutung nicht nur die wissenschaftliche Forschung, sondern ebenso, oft in stärkstem Ausmaße, technische Entwicklungen. Hierher gehört in erster Linie der außerordentliche, fördernde oder hemmende Einfluß, den dünnste Schichten aus bestimmten Atomen auf den Elektronenaustritt aus Grenzflächen ausüben. Denn auf dieser Elektronenemission beruhen eine ganze Reihe von Geräten, die als Bestandteile verbreitetster technischer Geräte des Alltages aus der Technik von heute gar nicht mehr wegzudenken sind, wie die Glühelektronenröhren der Radioapparate, die Fotozelle in Tonfilmapparaturen, Fernsehapparaten u. v. a., Sekundärelektronenverstärker usw. Die Tatsache, daß mit dünnsten Schichten die Leistungen solcher Geräte durch Erhöhung der Elektronenemission um Größenordnungen gesteigert werden können, spricht in dieser Hinsicht für sich. Auf gleicher Linie liegt die Bedeutung der dünnen Schicht als Ursache elektrolytischer Gleichrichterwirkung. Es sind Oxydschichten, die teils diese Wirkung, teils die der chemischen Passivierung verursachen. Fügen wir den Hinweis hinzu, was Oxydschichten auf Metallen für Chemie und Technik bedeuten, so ist damit gleichzeitig aufgezeigt, wie weit über die Physik hinaus Einfluß und Bedeutung dünner Schichten reichen.

In bezug auf die Chemie wird dies noch augenscheinlicher, wenn man berücksichtigt, daß die Gesamtheit der Adsorptionsschichten zu den dünnsten Schichten gehören. Seit der Entdeckung solcher Adsorptionsschichten durch Jamin und Magnus (1853) hat sich hier ein weitgehend in sich geschlossenes Teilgebiet entwickelt, an dem, wegen seines engen Zusammenhanges mit den Erscheinungen der heterogenen Katalyse an Grenzflächen, Chemie und Technik in noch höherem Maße interessiert sind als die Physik.

Neuerdings hat sich nun noch ein anderes, viel jüngeres Teilgebiet aus dem Gesamtbereich dünner Schichten zu einem zweiten, weitgehend in sich geschlossenem Ganzen entwickelt, dessen Bedeutung heute schon ebenfalls weit über die Physik hinaus in die organische Chemie, aber auch in die Physiologie, Pharmakologie u. a. hineinreicht. Es sind die einmolekularen Schichten organischer Substanzen auf flüssigen Trägeroberflächen.

Begründet wurde dieses Gebiet durch Untersuchungen von Agnes Pockels (1891) über besondere Änderungen in der Oberflächenspannung des Wassers, sobald winzige Mengen von bestimmten Fremdsubstanzen auf dieses aufgebracht werden. Für diese in Deutschland durchgeführten Untersuchungen fand jedoch Agnes Pockels hier keinerlei Verständnis. Sie wandte sich nach England und teilte ihre Ergebnisse Lord Rayleigh mit, der den Brief 1891 in der Nature veröffentlichte. Lord Rayleigh, damals mit gleichen Versuchen beschäftigt, bestätigte nicht nur die grundlegenden Beobachtungen von Agnes Pockels, sondern gab ihnen auch die für die weitere Entwicklung entscheidende Deutung: daß die beobachteten Änderungen der Oberflächenspannung auf die Wirkung einer vollständigen, lückenlosen, einmolekularen Fremdschicht auf der Wasseroberfläche zurückzuführen seien, die sich unter geeigneten Versuchsbedingungen auf dieser bildete.

Die weitere Entwicklung dieses Forschungsgebietes, an der deutsche Forschung fast überhaupt nicht beteiligt ist, läßt den zweiten Wesenszug der Methodik dünner Schichten aufs eindringlichste hervortreten. Man kann so wenige Fremdmoleküle auf die Wasseroberfläche bringen, daß ihre Abstände so groß sind, wie die der Moleküle in einem Gas oder Dampf. Da sie auf der Oberfläche frei beweglich sind, hat man auf diese Weise künstlich ein zweidimensionales Gas geschaffen. Durch Komprimieren kann man diese Moleküle einander näher und näher bringen, bis sie schließlich, aber nur unterhalb einer zweidimensionalen kritischen Temperatur, zur zweidimensionalen Flüssigkeit kondensieren und schließlich bei weiter gesteigertem Druck in einen zweidimensionalen, festen Zustand übergehen. Die Fülle der mit diesem Übergang vom einzelnen, isolierten Gasmolekül über eine kontinuierliche Reihe von Zwischenzuständen zum Molekül in der dichten Packung des flüssigen oder festen Körpers, alle zweidimensional, verbundenen physikalischen Erscheinungen enthüllen bei ihrer Deutung zahlreiche Einzelheiten des Baues dieser Moleküle und ihrer Wechselwirkungen. Sie ermöglichen unter anderem auch eine Bestimmung der Dimensionen der beteiligten Moleküle, oft auch die Entscheidung über strittige Modelle organischer Moleküle u. a. m. Jüngste Arbeiten haben diese Forschungsmethode auf die Eiweißmoleküle ausgedehnt und damit der Erforschung des Eiweißproblems einen neuen Weg eröffnet. Wie weitreichend dabei Fragen um solche dünne Schichten sind, geht z. B. aus Überlegungen von Trurnit[1] hervor, der die Menge Strychnin berechnet, die notwendig ist, um in einmolekularer Schicht, die grundsätzlich in gleicher Weise wie die Monoschichten auf Wasseroberflächen entsteht, die Gesamtoberfläche aller Ganglienzellen im Rückenmark zu bedecken und findet, daß diese Menge von gleicher Größenordnung ist wie die, welche erfahrungsgemäß zur vollen Vergiftung ausreicht. Die vergiftende Wirkung des Strychnins wäre so als die spezifische Wirkung einer dünnen Schicht aufgezeigt. Damit ist eines der biologischen Probleme um dünne Schichten angedeutet, ähnliche Zusammenhänge bestehen, vorerst als Vermutung und Arbeitshypothese, auch zwischen der automatischen Temperaturregelung der Warmblütler und solchen monomolekularen Schichten aus Palmitin- und Myristinsäure, welche offenbar ein in den Oxydationsstoffwechsel eingeschaltetes Ferment bedecken und durch ihren physikalischen Zustand in Abhängigkeit von der Temperatur den Sauerstoffumsatz im Körper und damit die Temperatur desselben steuern.

In diesen wenigen kurzen Hinweisen auf die Rolle, die die dünne Schicht in fast allen Gebieten der Physik und darüber hinaus auch in den angrenzenden Wissenschaftsgebieten von Chemie, Physiologie usw. und schließlich nicht zuletzt in der Technik spielt, ist die weite Spanne aufgezeigt, die eine Physik dünner Schichten als Teil einer Physik der Grenzflächen oder Grenzschichten überdecken muß.

Ebensoweit gespannt ist die Fülle der Probleme, die sie der Forschung heute bietet, sei es, daß sie selbst Objekt der Forschung ist, sei es, daß sie ein wertvolles Hilfsmittel für diese darstellt oder zu werden verspricht.

---

[1] Trurnit, H. J.; Pflügers Arch. ges. Physiol. Menschen Tiere 243, 562, 1940.

Einige der heute besonders aktuellen Probleme, teils gelöst, teils noch un-
gelöst, sind in den folgenden Abschnitten in zwangloser Aufeinanderfolge
zusammengestellt. Die Auswahl erfolgte willkürlich, jedoch von dem Gesichtspunkt geleitet, erstens, die in der Einleitung als für die Forschung
besonders charakteristisch bezeichneten Wesenszüge der experimentellen
Methodik dünner Schichten an einigen besonders typischen Fällen klar hervortreten zu lassen, zweitens, einen Überblick über die verschiedenen Möglichkeiten der experimentellen Durchführung selbst zu geben. Damit soll die
Forschung auf diesem Gebiete nicht nur angeregt, sondern eine straffere
Zusammenfassung der weit auseinander und bis heute oft ohne jedwede
Beziehung untereinander liegenden Einzelgebiete angebahnt werden.

I. ELEMENTARVORGÄNGE BEI DER KRISTALLISATION

Einleitung

Das Bild vollendeter Symmetrie und eigenartig vollkommener, oft farbiger Schönheit, das jeder Kristall bietet, mußte Forschernaturen frühzeitig aufs stärkste dazu anregen, das innerste Wesen dieser äußerlich vollkommensten Formen mit ihrer so einfachen strengen Regelmäßigkeit zu ergründen und ihr Werden zu verstehen.

Daß dem äußeren Aufbau von so strenger und oft so einfacher Regelmäßigkeit eine gleich strenge und einfache Regelmäßigkeit des inneren Aufbaues entsprechen müsse, hatte der intuitive Forscherblick Hauys (1783) schon erkannt, lange bevor diese Erkenntnis in der von Bravais (1850) entwickelten Vorstellung des Raumgitters ihren klaren Ausdruck fand und um dieselbe Zeit im Prinzip von Neumann, daß die äußere Kristallform nur eine spezielle Äußerung der inneren Struktur und der inneren Kräfte sei, zu einer der wichtigsten Grundlagen der Forschung auf diesem Gebiete wurde. Aber dann dauerte es immer noch sechs Jahrzehnte, bis in den Röntgenstrahlbeugungsbildern von Laue-Friedrich-Knipping (1912) dieser symmetrische, streng regelmäßige, meist so einfache, innere Aufbau der Kristalle aus ihren Elementarbausteinen, den Atomen, Ionen oder Molekülen, zum ersten Male unmittelbar sichtbar vor Augen lag.

Damit waren grundlegende Fragen nach dem Sein des Kristalles beantwortet, noch nicht aber die nach seinem Werden. Nach der Entdeckung von Laue-Friedrich-Knipping stand der umfassenden Beantwortung der Frage: Wie ist ein Kristall aufgebaut aus seinen Elementarbestandteilen, grundsätzlich nichts mehr im Wege; nur technische Schwierigkeiten experimenteller und theoretischer Art galt es noch zu überwinden. In Dunkel gehüllt aber war immer noch die zweite Frage: Wie wird der Kristall aus einzelnen Atomen, Ionen oder Molekülen?

Die erste wirklich bahnbrechende Antwort auf diese zweite Frage verdanken wir Kossel[1], der in seiner Energetik der Kristalloberfläche, die gleichzeitig und unabhängig von ihm auch von Stranski[2] entwickelt wurde, die Entstehung eines Kristalls als einen Wachstumsvorgang aufzeigte und verstehen lehrte. Die einzelnen Schritte dieses Wachstumsvorganges, das Anfügen von Baustein an Baustein, in regelmäßigen, unzählige Male wiederholten und wiederholbaren Einzelschritten an bestimmten Stellen des wachsenden Kristalles ist, wie Kossel und Stranski zeigen konnten, durch strenge, in erster Näherung oft ganz einfache Energiebeziehungen bestimmt und wird auf Grund derselben verständlich.

Wenn man sich mit Kossel etwa an einem aus positiven Na^+-Ionen und negativen Cl^--Ionen in strenger, einfacher Aufeinanderfolge aufgebauten

---

[1] Kossel, W.; Göttinger Nachr. 135, 1927; Leipziger Vorträge, 1928, Hirzel.
[2] Stranski, I. N.; Z. phys. Chem. 136, 259, 1928.

Steinsalzkristall die Frage stellt, wie groß an den verschiedenen Stellen $a, b, c \ldots w$ einer Kristalloberfläche (siehe Abb. 1) die Bindungsenergie eines Bausteins ist, bzw. die zu seiner Ablösung nötige Arbeit, so läßt sich diese Frage leicht beantworten; denn die wirksamen Kräfte zwischen den vorerst als absolut starr und undeformiert angenommenen Ionen sind hier rein elektrostatischer Natur und durch das Coulombsche Gesetz gegeben. Da, wie ein

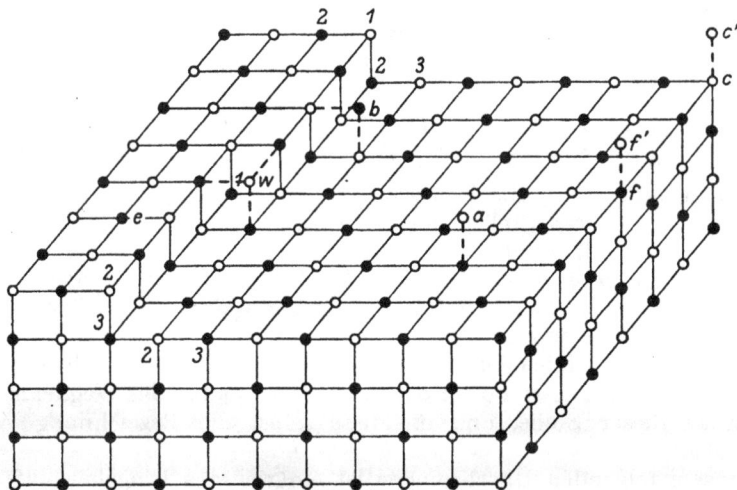

Abb. 1

Blick auf die Abbildung lehrt, an jeder der eingezeichneten Stellen die Zahl der nächsten und näheren Nachbarn des hinzugefügten Ions, die durch ihre Kraftwirkung zur Bindung beitragen, verschieden ist, ist auch die Ablösearbeit in jedem der vier Fälle verschieden. In Überlegungen über die Größe dieser Ablösearbeit wählt man zweckmäßigerweise die Trennungsarbeit eines positiven Na-Ions von dem im Abstand der Gitterkonstante gelegenen nächsten, negativen Cl-Ion als Maßeinheit[1]. Die gesamte Ablösearbeit eines Ions an irgendeiner Stelle, etwa w, zerlegt man in drei Hauptanteile: 1. die Ablösung von der unvollendeten, der Würfelkante parallelen Ionenreihe 1 — 1, 2. die Ablösung von der seitlich liegenden vollen Ionenreihe 2 — 2, 3. die Ablösung von der unter dem Ion liegenden Würfelfläche, also im wesentlichen von den Ionenreihen 2 — 2 und 3 — 3, da die weiteren 4 — 4 schon so entfernt sind, daß sie keinen ins Gewicht fallenden Beitrag mehr geben.

Der erste Anteil ist, da positive und negative Ionen in der Kette abwechseln, einfach gegeben durch

$$\Phi_{11} = 1 - \frac{1}{2} + \frac{1}{3} - \frac{1}{4} + \cdots = ln\,2 = 0{,}69315$$

der zweite Anteil entsprechend durch

$$\Phi_{22} = 1 - 2\left(\frac{1}{\sqrt{1^2 + 1^2}} - \frac{1}{\sqrt{2^2 + 1^2}} + \frac{1}{\sqrt{3^2 + 1^2}} - \frac{1}{\sqrt{4^2 + 1^2}} + \cdots\right) = 0{,}124$$

[1] Diese Trennungsarbeit ist gleich $e^2{}_0/\delta$, wenn e_o die Ladung eines Ions und δ der Ionenabstand, hier gleich der Gitterkonstanten, ist.

Ferner ist

$$\Phi_{33} = \frac{1}{\sqrt{2}} - 2\left(\frac{1}{\sqrt{2^2+1^2}} - \frac{1}{\sqrt{2^2+2^2}} + \frac{1}{\sqrt{2^2+3^2}} - \frac{1}{\sqrt{2^2+4^2}} + \cdots\right) = -0{,}028$$

also viel kleiner als der erste; für den dritten Anteil $\Phi''' = \Phi_{22} + 2\,\Phi_{33}$ erhält man nun 0,068 und die gesamte Ablösearbeit an der Stelle w wird somit

$$\Phi_w = \Phi_{11} + \Phi_{22} + \Phi''' = 0{,}885$$

für die anderen Stellen a, b, c ... erhält man durch gleich einfache Überlegungen

$$\begin{array}{lll}
\Phi_a = 0{,}068 & \Phi_c = 0{,}803 & \Phi_f = 1{,}606 \\
\Phi_b = 0{,}192 & \Phi_c' = 0{,}048 & \Phi_f' = 0{,}096
\end{array} \qquad \Phi_e = 1{,}702$$

Man sieht daraus, daß die Ablösearbeit an der Stelle w den größten Wert gegenüber den anderen Stellen hat, wenn man von den Stellen e, f, absieht, die keinen wiederholbaren Schritt darstellen. Die Stelle w ist nun auch durch die Tatsache ausgezeichnet, daß sich durch sukzessives Ablösen oder Anfügen von Ionen an solche Stellen der gesamte Kristall in Einzelschritten aufbauen läßt, die energetisch bis auf die bei großen Kristallen zahlenmäßig nicht ins Gewicht fallenden Randstellen vollkommen gleichwertig sind. Daher die Bezeichnung wiederholbarer Schritt für das Wegnehmen oder Anfügen an dieser Stelle, und für diese selbst die Bezeichnung Wachstumsstelle.

Für unsere folgenden Überlegungen ist ein weiteres Eingehen auf Einzelzüge dieses Bildes von Kossel und Stranski, so verlockend das sein mag, vorerst nicht nötig, ebenso nicht eingehendere Hinweise auf das hauptsächlich von Stranski und Mitarbeitern[1], von Raether[2] und anderen erbrachte experimentelle Material, das diese energetischen Überlegungen stützt.

Diese Überlegungen gestatten quantitative Aussagen über die Größe der Anlagerungswahrscheinlichkeit an den verschiedenen Stellen und beantworten damit die Frage, wo die Wachstumsstellen eines Kristalls liegen. Sie lassen aber, worauf schon Kossel in seinen ersten Veröffentlichungen ausdrücklich hingewiesen hat, die Frage unbeantwortet, wie der Baustein an diese Wachstumsstelle hinkommt und wie er sich in diese Stelle einfügt. Mit anderen Worten: über die Kinetik der Elementarvorgänge beim Kristallwachstum sagen die Überlegungen von Kossel-Stranski vorerst nichts aus.

Damit sind wir zu einer jener Fragen gekommen, die im Augenblick eines der bereits angegriffenen, aber erst in den ersten Anfängen der Lösung befindlichen Probleme der experimentellen Physik darstellen, von denen eine kleine Auslese in diesem Buch behandelt wird.

Wir gehen dabei nicht von der hauptsächlich von Stranski und Mitarbeitern entwickelten experimentellen Methodik aus, die das Wachstum eines Kristalls aus seiner nahezu im Gleichgewicht mit ihm befindlichen, flüssigen oder dampfförmigen Phase verfolgt, eine Methodik, die sich stark an die Vorgänge und Bedingungen beim natürlichen Kristallwachstum anlehnt. Vielmehr

---

[1] U. a. Stranski, I. N.; Z. Phys. 119, 22, 1942 (Schrifttum); Straumanis, M.; Z. phys. Chem. B. 13, 316, 1931; 26, 246, 1934; 30, 132, 1935; Mahl, H., und Stranski, I. N.; Z. phys. Chem. 51, 319, 1942 und 52, 257, 1942.

[2] Raether, H.; Reichsb. f. Phys. 1, 161 und 166, 1945.

wollen wir von den letzten Erfahrungen und Ergebnissen ausgehen, die wir jener experimentellen Methodik verdanken, welche in der dünnen Schicht ein bedeutendes Hilfsmittel physikalischer, chemischer und neuerdings physiologischer und biologischer Forschung erkannt und entwickelt hat.

Sie geht in bezug auf das hier behandelte Problem auf die Pionierarbeiten von Thomson[1] und Kirchner[2] zurück, die kurz nach der Entdeckung der Elektronenbeugung durch Davisson und Germer (1927) als erste diese Erscheinung zu Strukturuntersuchungen an dünnen Schichten benützten, und ist in der Folgezeit von ihnen und ihren Mitarbeitern, besonders von den Schülern Kirchners, zu einer hochwertigen Methode ausgebaut worden; mit ihr wird das Werden eines Kristalls erforscht, wenn im höchsten Vakuum und unter saubersten und definiertesten Versuchsbedingungen auf eine definierte Kristalloberfläche Atom nach Atom durch Aufdampfen mittels Atomstrahl aufgebracht wird.

Es sei (Abb. 2a) T eine Kristalloberfläche, wie sie schematisch in Abb. 2b gezeichnet ist, d. h. eine sehr ebene fremdschichtfreie Einkristallfläche bestimmter und bekannter Art, die mittels geeigneter elektrischer Heizung oder durch Kühlung mit Kühlflüssigkeiten auf jede gewünschte, konstante Temperatur gebracht werden kann. Auf sie fallen im höchsten Vakuum, vom Atomstrahlofen A kommend und durch die Blende B begrenzt, Atome oder Moleküle eines Atomstrahls oder auch Ionen eines Ionenstrahls. Ihre Auftreffstellen sind natürlich statistisch über die sie auffangende Kristallfläche verteilt,

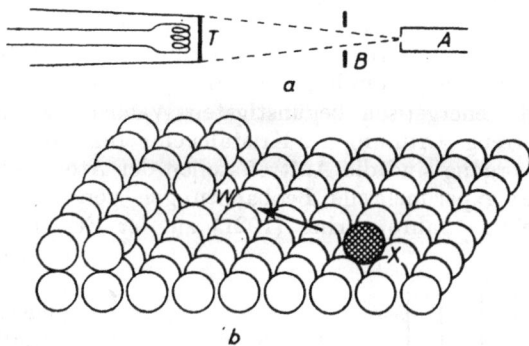

Abb. 2

ihre Einfallspunkte liegen also keineswegs gerade an einer Wachstumsstelle w. Wir betrachten eines dieser eingefallenen Atome an der Stelle X und fragen nach den Elementarvorgängen, die sich nun an ihm abspielen können, nachdem es in den Anziehungsbereich der Atome der Kristalloberfläche eingetreten ist.

Das Atom kommt mit seiner relativ hohen, der Temperatur des Atomstrahlofens entsprechenden thermischen Geschwindigkeit an der Stelle X an. Damit es zu seinem Anfügen an der Wachstumsstelle w kommt, ist nun dreierlei nötig:
1. das Atom muß haften bleiben, es muß kondensieren;
2. das Atom muß von der Auftreffstelle X zur Wachstumsstelle w wandern;
3. es muß sich in diese Wachstumsstelle einfügen, besser gesagt einschwingen.

Der erste Elementarvorgang, der der Kondensation oder eines eventuellen Wiederverdampfens, gehört nur mittelbar in den Bereich der in diesem Abschnitt behandelten Fragen der Elementarvorgänge beim Kristallwachstum. Er hängt eng mit dem Energieaustausch zwischen dem einfallenden Atom

---

[1] Thomson, G. P.; Proc. Roy. Soc. 117, 600, 1928; 119, 651, 1928; 125, 352, 1929.
[2] Kirchner, F.; Phys. ZS. 31, 1926, 1930 und Z. Phys. 76, 576, 1932.

und den Atomen der Trägeroberfläche T zusammen und führt zu den auch im Bereich der Physik dünner Schichten sehr wichtigen Fragen des Akkomodationskoeffizienten, der kritischen Kondensationstemperatur, der Verweilzeit im absorbierten Zustand u. a., die im Abschnitt VIII behandelt werden.

Dagegen können die beiden anderen Elementarvorgänge, der des **Wanderns** der haftengebliebenen Atome über die Oberfläche hin zur Wachstumsstelle und der des **Einschwingens** in die Lage der strengen Kristallgitterordnung, schlechthin als die kinetischen Elementarvorgänge beim Kristallwachstum bezeichnet werden. Die Methodik der dünnen Schichten bietet die Möglichkeit, beide Elementarvorgänge quantitativ zu erforschen, wie in den folgenden beiden Abschnitten gezeigt werden soll. Mit der Ausschöpfung dieser Möglichkeiten ist kaum erst begonnen worden.

I. Die Oberflächenwanderung

Die aus den energetischen Betrachtungen von Kossel-Stranski (1927) gewonnene Erkenntnis, daß das Wachstum eines Kristalls hauptsächlich über bestimmte, energetisch ausgezeichnete Wachstumsstellen erfolgen müsse, führt, wenn das Wachstum durch Kondensation aus der Dampfphase erfolgt, notwendigerweise zu der Annahme, daß eine Oberflächenwanderung vorhanden sein müsse, durch die die an irgendeiner Stelle kondensierten Atome erst an die energetisch begünstigsten Wachstumsstellen w kommen, um dort in die strenge Ordnung des Kristalls eingefügt zu werden; denn beim Kondensationsvorgang sind die Auftreffstellen der Atome statistisch verteilt. Jedoch waren es experimentelle Beobachtungen von Volmer und Estermann[1], die schon einige Jahre vorher (1921) zu der Erkenntnis führten, daß beim Kristallwachstum aus der Dampfphase die Oberflächenwanderung eine wichtige Rolle spielen müsse.

Die Versuchsführung war denkbar einfach: In einem evakuierten Glasgefäß (Abb. 3) befand sich eine kleine Quecksilbermenge a, deren Temperatur, und mit ihr der Dampfdruck im Raum darüber, mit Hilfe eines Bades von außen auf einem gewünschten Wert ($-10°$ C) gehalten werden konnte. Aus dem Dampfraum über die Hg-Oberfläche schlugen sich Atome auf der tiefgekühlten ($-63°$ C) Bodenfläche des Kühlrohres nieder. Eine Minute nach Versuchsbeginn wurden dort kleine Kristallflitterchen sichtbar, die in der in Abb. 3 gezeigten Weise an der Glasoberfläche hafteten und daran wie dünne Blättchen hingen. Es war überraschend, daß ihre Dicke, mikroskopisch geschätzt, nur 10^{-6} cm betrug, während die größte

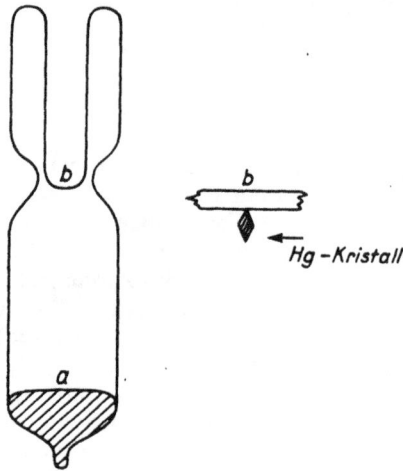

Abb. 3.
Versuchsanordnung zur Beobachtung des Wachstums von Hg-Kristallen durch Sublimation. (nach Vollmer).

[1] Volmer, M., und Estermann, J.; Z. Phys. 7, 13, 1921; Volmer, M.; Phys. Z. 22. 646, 1921.

Breite der Basisflächen rund 10^4 mal größer war[1]. Man kann nun aus dem bekannten Dampfdruck des Hg die Zahl der je Zeit und Flächeneinheit auftreffenden Atome berechnen und daraus bestimmen, wie schnell die einzelnen Flächen wachsen müßten.[2] Das überraschende Ergebnis ist, daß die Kriställchen in die Breite 1000 mal schneller wachsen, als es der Zahl der auftreffenden Atome entspricht; in der Dicke jedoch 10 mal langsamer, obgleich der beobachteten Massenzunahme nach alle auffallenden Hg-Atome auch haften bleiben. Als Erklärung blieb nur die Annahme, daß die auf die breiten Basisflächen auffallenden Hg-Atome dort vorerst wohl festgehalten werden, in der überwiegenden Zahl der Fälle aber zu den Seitenflächen hinwandern und sich dort endgültig festsetzen.

Wie Volmer[3] betont, führte die Deutung dieser Beobachtungsergebnisse zum ersten Mal auf drei Effekte, die bis dahin unbekannt, dann später aber jeder einzeln und unabhängig voneinander nachgewiesen werden konnten und zwar

1. daß verschiedene Oberflächenplätze auf Kristallflächen verschiedene Bindungsfähigkeit haben;
2. daß es eine Oberflächenwanderung adsorbierter oder kondensierter Atome gibt;
3. daß es eine zweidimensionale Keimbildung gibt.

Zu letzterem Schluß führte die Tatsache, daß die Dicke der Blättchen, d. h. die breiten Basisflächen, auch ein gewisses, wenn auch sehr langsames Wachstum zeigten. Man mußte also annehmen, daß von Zeit zu Zeit eine neue Netzebene auf diesen Flächen entstand, daß dies aber ein seltener Prozeß war; da diese Flächen jedoch immer ideal spiegelndes Aussehen hatten, konnte auf ihnen keine merkliche Oberflächenrauhigkeit vorhanden sein, eine Netzebene oder eine Gruppe von solchen, einmal als Keim angefangen, mußte schnell vollständig fertig werden; das langsame Dickewachstum der breiten Flächen konnte dann nur so gedeutet werden, daß der Beginn einer neuen Netzebene von der Bildung eines zweidimensionalen Netzebenenkeimes abhängig, ein seltenes Ereignis sei. Dieser Deutung entsprechend wird man nun durch die Kossel-Stranskischen Überlegungen dazu geführt, daß unter geeigneten Versuchsbedingungen das Wachsen eines Kristalles aus der Dampfphase so vor sich geht, daß die auf der Oberfläche kondensierten Atome fast durchwegs zu den Wachstumsstellen hinwandern und der Weiterbau in erster Linie hier erfolgt, so daß sich in der Regel erst eine neue Netzebene oder eine Gruppe solcher über die frühere Oberfläche zieht, ehe eine neue darüber entsteht. Das Vorrücken der Netzebene tritt als Vorrücken einer geradlinig begrenzten Stufe (Abb. 1) in Erscheinung; für die folgende Netzebene gilt das gleiche.

Man kann die schönen Versuche von Kowarski[4], die er mit einer von dem in jugendlichem Alter gefallenen (1914) René Marcelin[5] zuerst für solche

---

[1] Schneekriställchen im Rauhreif zeigen oft genau das gleiche Bild.

[2] Unter Wachstumsgeschwindigkeit einer Kristallfläche soll hier die Dickezunahme je Zeiteinheit in der Richtung der Normalen zu dieser Fläche verstanden werden.

[3] Volmer, M.; Kinetik der Phasenbildung, Dresden-Leipzig 1939.

[4] Kowarski, L.; Journ. de chim. phys. 32, 303, 1935; Thèses, Univ. Paris 1935.

[5] Marcelin, R.; C. R. 158, 1674, 1914; Ann. de Physique (9)10, 160, 1918.

Probleme angewendeten und dann von seinem Bruder André Marcelin[1] weiter entwickelten einfachen Interferenzmethode (Farben dünner Blättchen) durchführte, als einen experimentellen Beleg für diese Folgerungen ansehen. Diese Versuche waren so angeordnet, daß der in seinem Wachstum mit der mikroskopischen Interferenzmethode beobachtete Kristall von der Schneide einer gekühlten Rasierklinge wegwuchs. Diese ragte in den Dampfraum hinein, aus dem die Atome sich auf dem Kristall niederschlugen. Jede Stufe auf der Oberfläche des wachsenden Kristalls, in der Interferenzmethode als Dickesprung in Erscheinung tretend, wird dem Beobachter als Farbsprung sichtbar[2] und die Linearität der Stufe kann unmittelbar aus der Linearität der Begrenzung der entsprechenden Newtonschen Interferenzfarbe ersehen werden. Abb. 4 zeigt ein solches Bild eines Paratoluidinkristalles während des Wachstums aus Paratoluidindampf[3]; die Linearität der Stufe ist unmittelbar ersichtlich; ebenso ist aus dem Vorrücken der gleichen Farbe über die Kristalloberfläche unmittelbar zu ersehen, daß Netzebene nach Netzebene bzw. Netzebenengruppe nach Netzebenengruppe die Oberfläche überzieht. Es ist Kowarski sogar gelungen aus den Interferenzfarben die Stufenhöhe, die immer ein ganzes Vielfache einer Netzebenenhöhe, bzw. der Gitterkonstanten sein muß, zu messen und daraus die Dimension der Paratoluidinmoleküle zu berechnen.

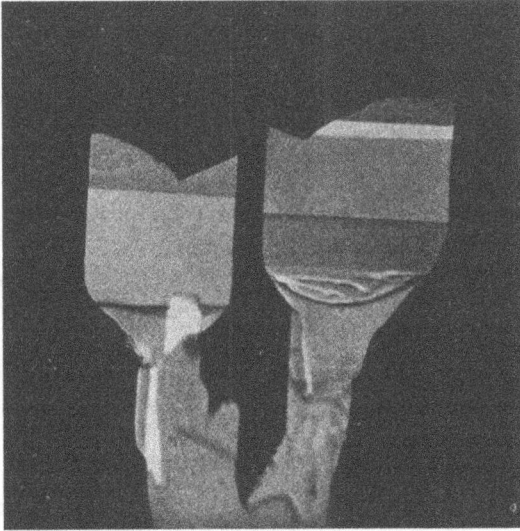

Abb. 4.

Netzebenengrenzlinien auf Oberflächen wachsender Paratoluidinkristalle (nach Marcelin).

Es ist bedauerlich, daß diese so schönen und aufschlußreichen Versuche mit einer relativ einfachen, dabei aber solch hoher Genauigkeit fähigen Methode bisher noch keine Ausdehnung und weitere Anwendung gefunden haben[4].

Kehren wir nun zu unserem Atom zurück, das auf der Stelle X einfiel und nun zur Wachstumsstelle w hinwandern muß. Dies Atom befindet sich jetzt im Potentialfeld der Oberflächenatome des Kristalls in einer Entfernung, die etwa der Gitterkonstante entspricht. In dieser Entfernung hat das Potentialfeld den in Abb. 5 gezeichneten welligen Charakter, unser Atom hat sich in der Potentialmulde an der Stelle X eingeschwungen und führt in dieser seine thermischen Schwingungen weiter aus. Um seinen Platz zu wechseln, muß es über die Poten-

---

[1] Marcelin, A. und Boudin, S.; C. R. 190, 1496, 1930; 191, 31, 1930.
[2] Siehe dazu auch Abschnitt III, Seite 58.
[3] Die viel schönere, farbige Wiedergabe dieses Bildes war leider unmöglich.
[4] Siehe dazu die Arbeiten von Tolanski, Abschn. III.

tialhügel, die die Mulde rings umgeben, hinüber; es benötigt hierzu eine durch die Höhe dieser Hügel bestimmte Energie, die Aktivierungsenergie U[1] für den Oberflächenplatzwechsel, die ihm z. B. als thermische Energie zugeführt werden kann. Die Energie, die das Atom zum Verdampfen, d. h. zum vollständigen Verlassen der Oberfläche nötig hat, ist in der Regel größer, oft viel größer, als diese für das Hinüberwechseln von einer Oberflächenstelle zur anderen nötige Energie, so daß bei Erhöhung der Temperatur und damit der thermischen Schwingungsenergie des Atoms zuerst die Oberflächenwanderung merklich und in manchen Fällen sogar sehr groß wird, ehe noch die Verdampfung eintritt.

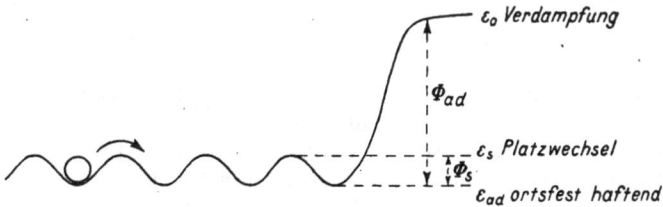

Abb. 5

Für unser Problem des über den Elementarvorgang der Oberflächenwanderung erfolgenden Netzebenenwachstums ist es von besonderem Interesse, die Zahl der Platzwechsel unter bestimmten, im Experiment dieser Art etwa vorliegenden Bedingungen zu ermitteln und mit Hilfe dieses Wertes zu berechnen, wie oft Anlagerung des Atoms durch Einfall unmittelbar an der Wachstumsstelle und wie oft Anlagerung über Einfall an anderer Stelle und den daran anschließenden Elementarvorgang der Oberflächenwanderung stattfindet.

Solche Überlegungen sind von Volmer[2] in Anlehnung an seine Versuche an Hg-Kristallen für den Fall durchgeführt worden, daß sich ein homöopolarer Kristall im Gleichgewicht mit seinem Dampf befindet, daß also, je Zeit- und Flächeneinheit, die Zahl der einfallenden Atome gleich ist der der verdampfenden. Bezeichnet man mit ε_o die potentielle Energie des freien Atoms und mit ε_{ad} die des an der Oberfläche in der Mulde festgehaltenen und mit ε_s die des auf dem Sattel zwischen zwei Mulden sitzenden ($\Phi_{ad} = \varepsilon_o - \varepsilon_{ad}$; $\Phi_s = \varepsilon_s - \varepsilon_{ad}$) dann ist $\varepsilon_o - \varepsilon_{ad}$ die zur Verdampfung an der Stelle X nötige Energie, die ungefähr gleich der Verdampfungswärme gesetzt werden kann; $\varepsilon_s - \varepsilon_{ad}$ ist die für den Platzwechsel nötige Energie. Die Wahrscheinlichkeiten für Verdampfung bzw. Platzwechsel sind nach dem Satz von Boltzmann proportional $e^{-\frac{\varepsilon_o - \varepsilon_{ad}}{kT}}$ bzw. $e^{-\frac{\varepsilon_s - \varepsilon_{ad}}{kT}}$ und die mittleren Verweilzeiten unseres Atoms auf der ganzen Fläche (τ) bzw. an der Stelle X (ϑ) sind gleich den reziproken Werten dieser Wahrscheinlichkeiten, also ihr Verhältnis

$$\frac{\text{Verweilzeit auf der Fläche}}{\text{Verweilzeit auf einem Platz}} = \frac{\tau}{\vartheta} \sim \frac{e^{-\frac{\varepsilon_o - \varepsilon_{ad}}{kT}}}{e^{-\frac{\varepsilon_s - \varepsilon_{ad}}{kT}}} = e^{-\frac{\varepsilon_o - \varepsilon_s}{kT}} = z \qquad (1)$$

---

[1] Wird in Einheiten der Trennungsarbeit eines positiven und negativen Ions gemessen, so sei diese Aktivierungsenergie mit Φ bezeichnet.

[2] Volmer, l. c. S. 49ff.

Dieses Verhältnis der Verweilzeiten gibt aber unmittelbar die mittlere Zahl der Platzwechsel, die unser Atom während seines Aufenthaltes auf der Fläche ausführt. Um sie zu berechnen ist die Kenntnis der Größe $\Phi_s = \varepsilon_s - \varepsilon_{ad}$ nötig. Durch Anwendung Kosselscher Überlegungen ist diese Größe nicht zu gewinnen, da das Atom auf einem Sattel sich nicht in einem Gitterpunkt befindet. Volmer schätzt diese Größe aber unter der Annahme, daß die Trennungsarbeit zweier Bausteine des homöopolaren Kristalls mit der sechsten Potenz ihrer Entfernung abnimmt und findet, daß Φ_s etwa $^1/_2$—$^1/_3$ der Ver-dampfungswärme ist. Für eine Temperatur von $500°$ erhält er so

$$z = e^{-\frac{\varepsilon_o - \varepsilon_s}{kT}} \approx 5 \cdot 10^4 \qquad (2)$$

als Zahl der Platzwechsel auf der dichtesten Netzebene des Kristalls.

Berechnet man nun einerseits für gleiche experimentelle Bedingungen die Zahl der Atome, die infolge dieses Platzwechsels je Zeiteinheit zur Wachstums-stelle kommen, und andererseits die Zahl der direkt aus dem Dampf je Zeit-einheit an der Wachstumsstelle einfallenden, so erhält man das Ergebnis, daß das Verhältnis dieser beiden Zahlen gleich der Platzwechselzahl ist. Auf $5 \cdot 10^4$ durch Oberflächenwanderung an die Wachstumsstelle gelangende Atome kommt nur ein einziges, das im gleichen Zeitraum dort unmittelbar aus dem Dampfraum einfällt und angebaut wird.

Handelt es sich im quantitativen Teil dieser Überlegungen auch nur um Näherungswerte[1], so zeigen sie dennoch die überragende Bedeutung der Oberflächenwanderung als Elementarprozeß beim Kristallwachstum.

Wohl gibt es eine Fülle rein qualitativer Beobachtungen, die die Ober-flächenbeweglichkeit der in einer obersten Schicht, auf Kristall- und sonstigen Oberflächen, vor allem Glasoberflächen, sitzenden Atome innerhalb bestimmter Temperaturbereiche aufzeigen[2]. Direkte experimentelle Messung der beiden diese Oberflächenwanderung charakterisierenden Größen, nämlich ihres Diffusionskoeffizienten und ihrer Aktivierungsenergie fehlen jedoch noch fast vollständig, sofern es sich um Bausteine han-delt, die auf ihrem eigenen Kristall wandern. Mit Hilfe der Methodik dünner Schichten sind einige wenige solcher Messungen an Alkali-, Erdalkali- und Poloniumatomen, die über die Oberfläche anderer Metalle, hauptsächlich Wolfram, wan-derten, durchgeführt worden und es ist neuer-dings gelungen dies Wandern über bestimmte Einkristallflächen mit dem Feldelektronenmi-kroskop mittelbar sichtbar zu machen und dar-aus wichtige Einzelheiten dieses Vorganges zu er-kennen.

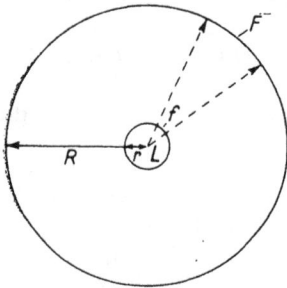

Abb. 6.

Das Feldelektronenmikroskop kann in seiner von Müller[3] entwickelten Form wohl als das einfachste Elektronenmikroskop angesehen werden. Denn

---

[1] Vor allem kann im Gleichgewichtszustand kein Wachsen des Kristalls stattfinden, vielmehr ist hierfür eine wenn auch geringe Übersättigung des Dampfes notwendig, wie sie in vielen der Versuche von Stranski und Mitarbeitern experimentell verwirklicht wurde.

[2] Vollständiges Schrifttum bei H. Mayer, Ph. d. Sch., Bd. II.

[3] Müller, E. W.; Z. Phys. 102, 734, 1936; 106, 132 und 541, 1937; 108, 668, 1938.

es bedarf gar keiner Linsen um relativ hohe Vergrößerungen zu erzielen. Sein äußerst einfacher Grundgedanke ist folgender: Es befinde sich eine punktförmige Lichtquelle im Zentrum zweier durchsichtiger Kugeln (Abb. 6), von denen die erste winzig klein mit dem Radius r und ganz durchsichtig, die zweite sehr groß mit dem Radius R eine halbdurchlässige Spiegelfläche sei. Die von der punktförmigen Lichtquelle radial ausgehenden Strahlen bilden dann eine Fläche f der kleinen Kugel auf der Fläche $F = f \cdot R^2/r^2$ der großen Kugel ab. Die durch eine solche einfache Anordnung erzielte Vergrößerung ist also durch das Verhältnis der Quadrate der Kugelradien gegeben, man kann daher ohne jedwede Linse sehr hohe Vergrößerungen erreichen, sofern nur der Radius der inneren Kugel sehr klein gemacht wird und die Intensität der Punktlichtquelle ausreicht.

Benützt man nun an Stelle der Lichtstrahlen Elektronenstrahlen, die als selbstemittierte Elektronen aus der Oberfläche der kleinen Kugel austreten und in einem zwischen den Kugeln liegenden radialen Feld geradlinig zur größeren Kugel geführt werden, so ist die Anordnung zu einem Elektronenmikroskop mit hoher Vergrößerung geworden. Man braucht die innere Oberfläche der großen Kugel nur noch mit einer Leuchtschicht zu bedecken und dann entwerfen die auf sie aufprallenden Elektronenstrahlen das vergrößerte Bild der Fläche, von der sie kommen. Zur Abbildung kann man Licht-, Glüh- oder Feldelektronen verwenden. Müller benützt Feldelektronen, indem er eine sehr feine, speziell präparierte und im Vakuum glühbare Wolframspitze in den Mittelpunkt der größeren Kugel setzt und durch Anlegung entsprechender Felder Feldelektronenemission aus der Wolframoberfläche bewirkt. Die hierfür nötigen Spannungen sind relativ klein, da die Konvergenz der Kraftlinien auf der winzigen Spitze dort die für die Feldemission nötige hohe Feldstärke von $10^7\,\mathrm{eV/cm}$ ergibt. An passender Stelle sind in der Kugel Vorrichtungen zum Aufdampfen geeigneter Fremdatome auf die zu beobachtende Oberfläche angebracht. Die Abb. 8a und 8b zeigen zwei mit einem anderen Elektronenmikroskop aufgenommene Bilder solcher Wolframspitzen, die durch Glühen bei 2400° bzw. Schmelzen geglättet wurden.

Das Emissionsbild einer solchen reinen W-Spitze zeigt Abb. 9 (a) und daneben ist in (b) die Indizierung der wichtigsten Emissionsrichtungen schematisch gegeben[2]. Die Kristallstruktur tritt in diesem elektronenmikroskopischen Bild dadurch sehr

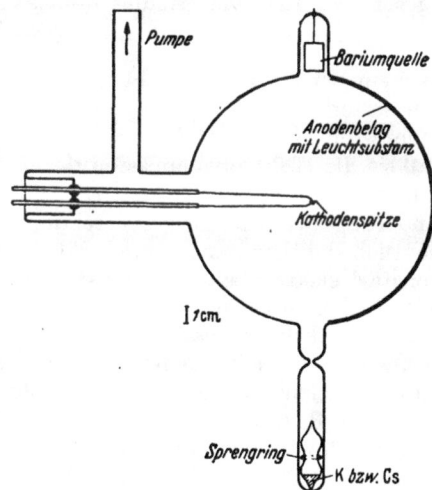

Abb. 7.

Feldelektronenmikroskop (nach Haefer)[1].

[1] Haefer, R.; Z. Phys. 116, 604, 1940.
[2] Analoge, sehr schöne Emissionsbilder von Mo- und Ni-Spitzen siehe bei Benjamin und Jenkins, l. c.

schön hervor, daß erstens die Elektronenemission der verschiedenen Kristallflächen verschieden ist wegen ihrer verschiedenen Austrittsarbeit und daß offenbar auch die Stärke der Emission einer Fläche vom Winkel, den die Emissions-
richtung mit der Flächennormalen einschließt, abhängt. Es würde über den
Rahmen dieser Darstellung hinausgehen, sich hier mit den Möglichkeiten
einer theoretischen Deutung dieser Erscheinung eingehend zu befassen[1]. Wir
halten hier die Tatsache als solche fest und die aus ihr folgende Differen-
zierung der verschiedenen Kristallflächen bzw. relativen Richtungen zur Kristall-

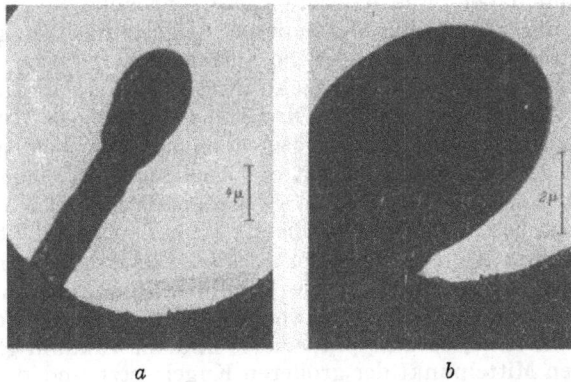

a   b

Abb. 8

Wolframspitze für das Feldelektronenmikroskop, mit anderem Übermikroskop aufgenommen. Krümmungsradius $r = 1,3\,\mu$. Vergrößerung (a) 2730fach (b) 7750fach
(nach Haefer).

flächennormale. Diese ergibt nämlich die Möglichkeit, nun Oberflächenwande-
rungserscheinungen auf diesen Kristallflächen unmittelbar zu verfolgen. Am
leichtesten geschieht dies an solchen Fremdatomen, von denen bekannt ist,
daß sie die Elektronenemission der darunter liegenden Trägeroberfläche durch
starke Änderung der Austrittsarbeit in hohem Maße beeinflussen, was durch
Änderung der Intensitätsverteilung im feldelektronenmikroskopischen Bild
deutlich sichtbar werden muß. Solche Fremdatome sind bekanntlich die Atome
der stark elektropositiven oder stark elektronegativen Elemente, z. B. die Alkali-
oder Erdalkaliatome bzw. Sauerstoffatome. An den Oberflächenstellen, wo sie
sitzen, wird die Emission stark erhöht oder stark vermindert, entsprechend
erscheinen im elektronenmikroskopischen Bild sehr helle oder umgekehrt sehr
dunkle Stellen. Abb. 9 (c) zeigt das Bild der Wolframoberfläche (a), nachdem von
seitwärts Ba aufgedampft und dort die Emission stark erhöht worden war.
Durch Erhöhung der Temperatur bis zu einem von Träger und aufgedampftem
Atom abhängigen bestimmten Wert, hier bei Ba auf W bis 870° abs eine Minute lang, kann man erreichen, daß die Atome des seitwärts aufgedampften
Ba nun über die Oberfläche des W wandern, was man in schönster Weise an
dem jetzt aufgenommenen Bild (d) erkennen kann, in dem gerade die
(211) Richtungen besonders stark emittieren, offenbar, weil sich die Ba-
Atome gerade über sie gebreitet und die Austrittsarbeit dort stark vermindert

[1] Benjamin, J. und Jenkins, R. O.; Proc. Roy. Soc. L. (A) 180, 224, 1942.

haben. Durch Erhöhen der Temperatur bis über 2200° abs kann man diese
Ba-Atome wieder restlos von der W-Oberfläche entfernen und sieht nun im
Elektronenmikroskop im Bild (e), das mit dem Bild (a) identisch ist, wieder
die reine W-Oberfläche.

Durch sorgfältiges Einstellen entsprechender Temperaturen kann man
diesen Oberflächenwanderungsprozeß, durch den die auf einer bestimmten
Kristalloberfläche sitzenden Atome von den Stellen, wo sie hingebracht
wurden, zu anderen Stellen wandern, an denen sie entsprechend den Versuchs-

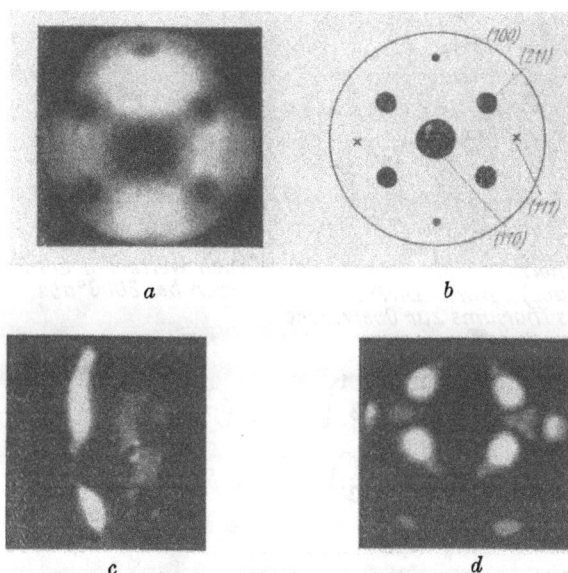

Abb. 9

Feldelektronenmikroskopbild einer reinen Wolframoberfläche (a) mit zugehöriger
Indizierung (b) (nach Müller).

bedingungen fester haften, schrittweise verfolgen, wie die einer Arbeit von
Benjamin und Jenkins[1] entnommene Bilderreihe a—g in Abb. 10 für Thorium
auf Wolfram zeigt. (a) zeigt das Emissionsbild der reinen W-Oberfläche,
(a') die zugehörige Indizierung[2]; (b) ist das Emissionsbild nach Aufbringen
des Th; dies geschah hier durch Diffusion aus dem Innern bei geeigneter
Temperatur[3] (ungefähr 2000° abs). Die Th-Atome sind hauptsächlich in der
(311), schwächer in der (100) und (111) Richtung auf die Oberfläche hinaus-
diffundiert. (c) bis (f) zeigen die Ausbreitung dieser Th-Atome durch Oberflächenwanderung, durch die schließlich die W-Oberfläche in ganz bestimmter,
gesetzmäßiger Weise von ihnen bedeckt wird. Noch eindringlicher sind die

[1] Benjamin und Jenkins, l. c.
[2] Bei dieser W-Spitze lag die (100) Fläche normal zur Achse des Ein-Kristalldrahtes,
aus dem die Spitze hergestellt wurde; gewöhnlich ist es die (110) Fläche.
[3] Über diese Methode siehe H. Mayer, „Ph. d. Sch.", Bd. I.

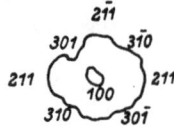

a) Reine Wolframspitze.

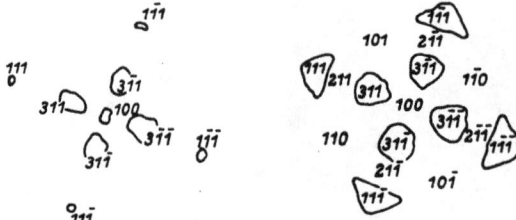

*b) Heizen (2600 u. dann 2000°
abs) bewirkt Diffusion
des Thoriums zur Oberfläche.*

*c) Nach weiterem Erwär-
men bei 2000° abs.*

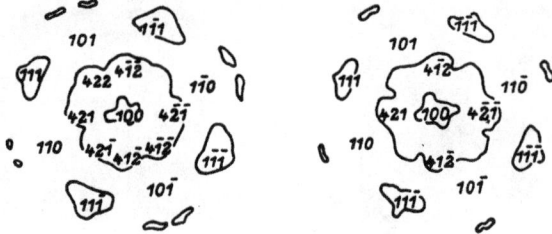

*d) Nach 13 min langem
Heizen bei 2000° abs.*

*e) Nach 13 min langem
Heizen bei 2000° abs.*

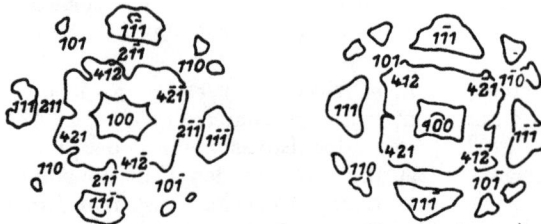

*f) Nach 2 Stunden bei 1800°
abs. Gleiches Aussehen nach
10 Stunden. Günstigste Be-
setzung von Thorium.*

*g) Aussehen nach länge-
rem Heizen bei 1300° abs.*

zu Abb. 10

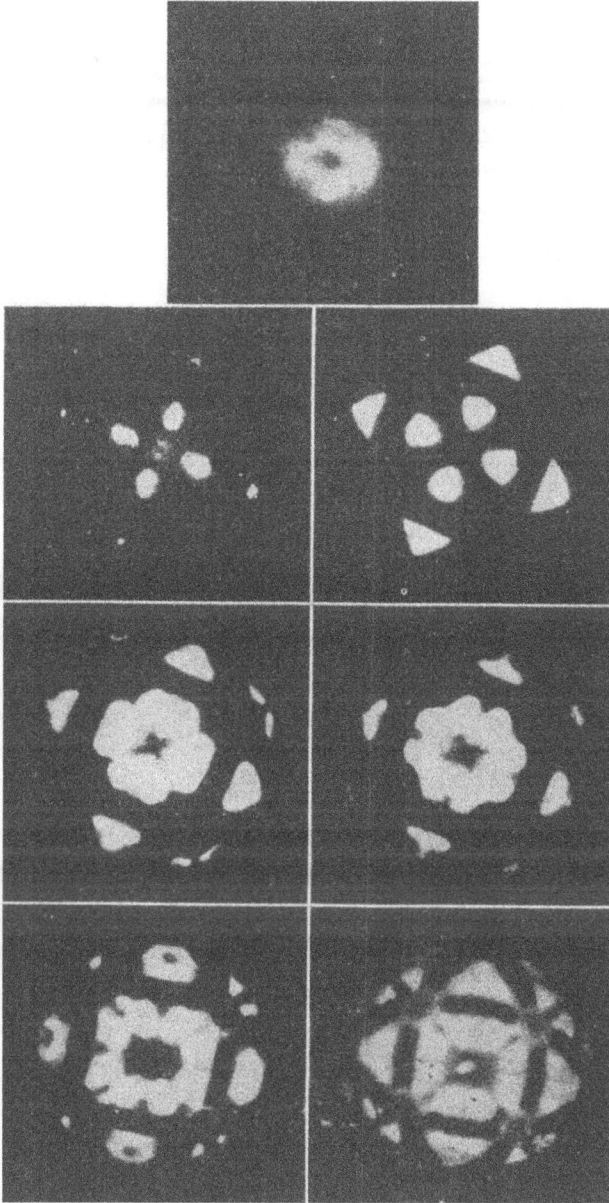

Abb. 10.

Oberflächenwanderung von Th-Atomen über W-Kristalloberflächen, mit dem Feld-elektronenmikroskop verfolgt. (a) Emissionsbild der reinen Oberfläche, (b) nach Auf-bringen des Th, (c—g) aufeinanderfolgende Bilder der bei 2000° abs vor sich gehenden Ausbreitung des Th über die Oberfläche (nach Benjamin und Jenkins).

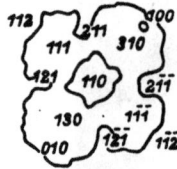

a) Reines Molybdän.

b) Erster Bariumnieder-
schlag.

c) Weitere Bariumnieder-
schläge.

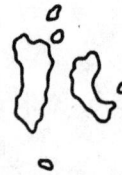

d) Heizen bei 600° abs
bewirkt Wanderung
u. Kristallitbildung.

e) Heizen bei 800° abs bewirkt vollständige Wan-
derung u. Verschwinden
der Kristallite.

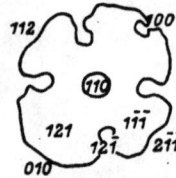

f) Heizen bei 850° abs bewirkt gleichmäßige Be-
deckung u. Verschwinden
der Kristallite.

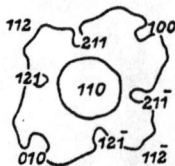

g) Bei 900° abs beginnt
Verdampfung.

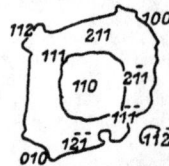

h) Heizen bei 950° abs
bewirkt Verschwinden
des Bariums von der
(110) Region.

zu Abb. 11

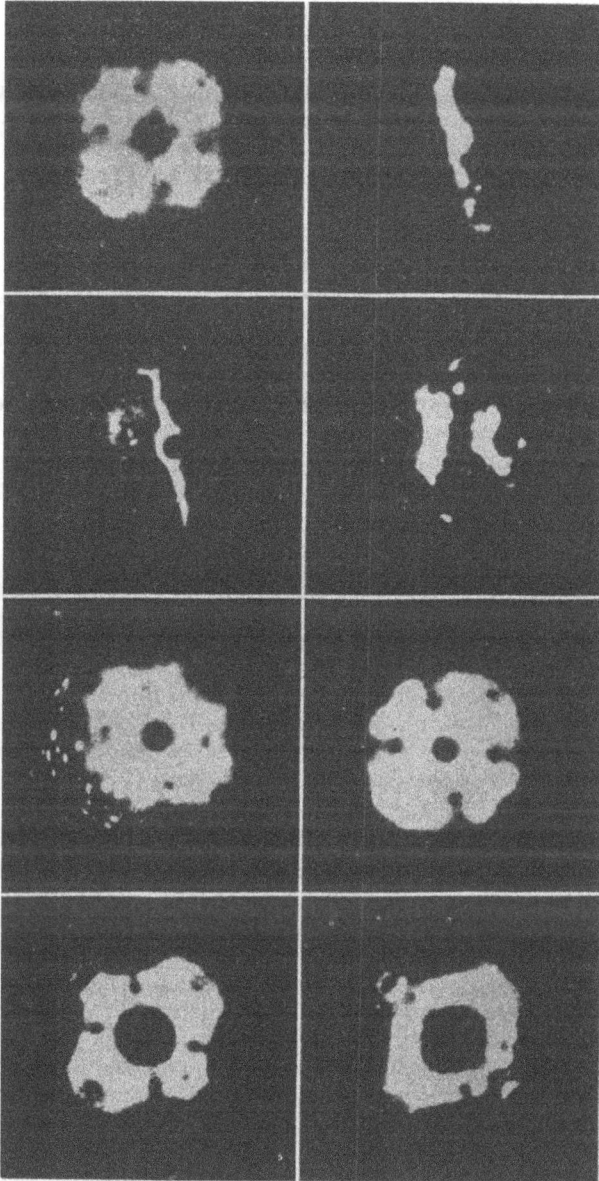

Abb. 11.

Oberflächenwanderung von Ba-Atomen über Mo-Kristalloberflächen, mit dem Feldelektronenmikroskop verfolgt. (a) Emissionsbild der reinen Mo-Spitzenoberfläche,
(b) nach seitlichem Aufdampfen des Ba, (c—h) aufeinanderfolgende Bilder der Ausbreitung
der Ba-Atome über die Mo-Kristalloberfläche bei Temperaturen zwischen 600—900° abs
(nach Benjamin und Jenkins).

Bilder, die man erhält, wenn man das Th nicht durch Diffusion aus dem Innern des W, sondern durch Aufdampfen von außen aufbringt.

Den Vorgang der Oberflächenwanderung von Bariumatomen über Mo-Kristalloberflächen zeigt Abb. 11 (a)—(h). (a) ist das Emissionsbild der reinen Mo-Spitze, (b) zeigt das Bild nach seitlichem Aufdampfen von Ba; es geben jetzt jene Stellen sehr hohe Emission, die mit einer Ba-Schicht optimaler Dicke bedeckt sind, der Rest der Mo-Oberfläche ist dunkel. (c)—(h) ist eine Aufeinanderfolge von Emissionsbildern bei der sukzessiven Ausbreitung der Ba-Atome von der Aufdampfstelle aus. Diese Wanderung von Ba auf Mo vollzieht sich im Temperaturbereich von 600—900° abs. Bei 900° abs beginnt schon starke Verdampfung. Daß von den beiden Bildern (a) und (f) trotz ihrer Gleichheit das eine dem reinen, das andere dem mit Ba-Atomen bedeckten Zustande entspricht, ist aus der für eine bestimmte Intensität, also eine bestimmte Elektronenemission nötigen Feldstärke zu ersehen. Im Falle der bedeckten Oberfläche ist diese wegen der starken Verminderung der Austrittsarbeit des Mo ($\Phi_{Mo} = 4,2$ eV) durch die Ba-Atome ($\Phi_{Ba} = 2,5$ eV) viel geringer.

So eindrucksvoll und schön diese mittelbare Sichtbarmachung der Oberflächenwanderung adsorbierter Atome über eine von anderen Atomen gebildete Kristalloberfläche ist, so reizvoll es sein muß, wie Benjamin und Jenkins besonders betonen, das Strömen der Ba-Atome bei geeignet erhöhter Temperatur über ganz bestimmte Kristalloberflächenregionen wie ein Fallen von Regentropfen unmittelbar sehen zu können, während andere Regionen ganz vermieden werden, und so wichtig es ist, die Temperaturbereiche zwischen Beginn der Wanderung und Beginn der Verdampfung genau zu erfassen, so bedauerlich ist es, daß diese Methode vorerst doch nur als qualitativ gelten kann, da mit ihr eine Messung der beiden die Oberflächenwanderung quantitativ charakterisierenden Größen, des Oberflächendiffusionskoeffizienten und der Aktivierungsenergie bisher nicht erfolgte.

Auch Volmer kam in seinen ersten erfolgreichen Versuchen, die er anknüpfend an die beim Studium des Wachstums von Hg-Kristallen aus der Dampfphase gemachten Beobachtungen durchführte, um das Vorhandensein der Oberflächenwanderung experimentell nachzuweisen, über erste Ansätze zu quantitativen Aussagen nicht hinaus[1]. Diese Versuche wurden so durchgeführt, daß eine Glasfläche bis zu einer bestimmten Grenze mit festem Benzophenon überzogen wurde; in einer geringen Entfernung von dieser Grenze wurde die freie Glasoberfläche ständig und in regelmäßiger Weise von Hg bespült. Benzophenonmoleküle wanderten dann von der Substanzgrenze über die freie Glasoberfläche bis zu den von Hg überspülten Stellen derselben und wurden vom Hg mitgenommen. Dies konnte aus der Gewichtsabnahme des mit dem fließenden Hg gar nicht in unmittelbarem Kontakt befindlichen Benzophenons erschlossen werden.

Den entscheidenden Schritt von diesen mehr qualitativen Nachweisen für das Vorhandensein der Oberflächenwanderung zur quantitativen Messung der sie charakterisierenden Größen brachte die Verwendung der dünnen Schicht als Hilfsmittel der Forschung. Man bedient sich dabei einer auf erste Beobachtungen Langmuirs[2] zurückgehenden und seither in einer sehr großen

---

[1] Volmer, M., und Adhikari, G.; Z. Phys. 35, 170, 1925 und Z. Phys. Chem. 119, 46, 1926.
[2] Langmuir, I., und Rogers, W.; Phys. Rev. 4, 544, 1914.

Zahl experimenteller Arbeiten quantitativ weitgehend erforschten Erscheinung[1], darin bestehend, daß dünnste Schichten von Alkali- und Erdalkaliatomen auf Metallen hoher Austrittsarbeit die Elektronenemission der letzteren außerordentlich erhöhen. Die Abb. 12 zeigt als Beispiel den Anstieg der lichtelektrischen Emission nach Messungen von Mayer[2], wenn K-Atome auf Pt aufgebracht werden und die Bedeckung vom Werte 0 bis etwas über 1 ansteigt. Die Zunahme der Elektronenemission ist durch eine Abnahme der Austrittsarbeit verursacht, die z. B. beim Aufbringen von Cs-Atomen auf

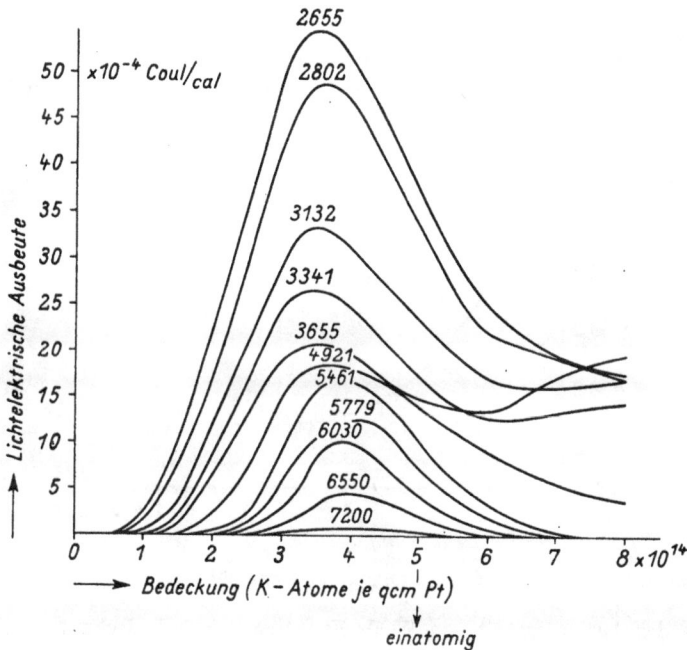

Abb. 12

Zunahme der lichtelektrischen Elektronenemission von Platin als Funktion der K-Bedeckung für die Wellenlängen $\lambda = 2655\,\text{Å} - 7200\,\text{Å}$ (nach Mayer).

W vom hohen Werte der reinen W-Oberfläche ($\Phi_\text{w} = 4{,}62$ eV) bis unter den niedrigen Wert des massiven Cs ($\Phi_\text{Cs} = 1{,}94$ eV) fällt (Abb. 13), um nachher wieder etwas zuzunehmen. Der Tiefstwert der Austrittsarbeit und damit der Höchstwert der Elektronenemission wird bei einer Bedeckung erreicht, die etwas kleiner ist als eine vollständige monoatomare Schicht. Daraus erhellt, daß die lichtelektrische, aber ebenso auch die glühelektrische und die Feldelektronen-Emission ein sehr empfindliches Nachweismittel für das Vorhandensein von Alkali- oder Erdalkaliatomen auf solchen Metalloberflächen hoher Austrittsarbeit sind.

---

[1] Vollst. Schrifttum bei H. Mayer, Ph. d. Sch., Bd. II
[2] Mayer, H.; Ann. d. Phys. (5) 33, 419, 1938.

Es ist dieses Nachweismittel, dessen sich Becker[1] als erster bediente, um die Oberflächenwanderung experimentell nachzuweisen. Er schlug auf der einen Seite eines W-Glühdrahtes Ba- (bzw. Cs- oder Th-) Atome nieder und bekam dadurch auf dieser Seite stark erhöhte Glühelektronenemission, während die andere Seite vorerst unverändert emittierte. Mit der Zeit aber wanderten die Ba-Atome bei geeigneten Temperaturen und mit einer Geschwindigkeit, die mit dieser stieg, über die Oberfläche des Drahtes auf die andere Seite desselben, was durch Beobachtung des Ansteigens des glühelektrischen Stromes auf dieser Seite und Abnahme desselben auf der Seite, wo sie zuerst aufgebracht worden waren und von wo sie wegwanderten, schön verfolgt werden konnte.

Die ersten quantitativen Messungen wurden auf gleicher Grundlage von Taylor und Langmuir[2] und mit Hilfe des lichtelektrischen Effektes von

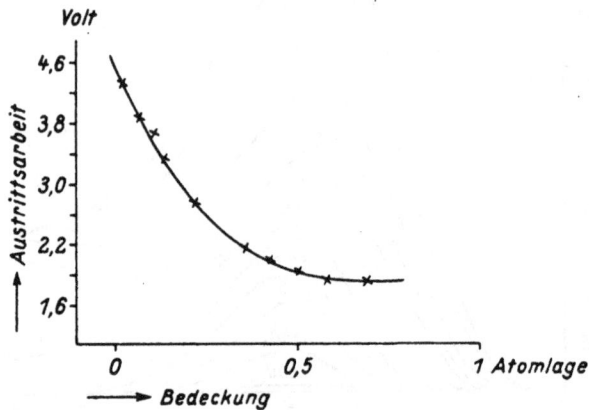

Abb. 13.

Abnahme der Austrittsarbeit von W als Funktion der Cs-Bedeckung (nach Mayer).

Bosworth[3] gemacht. Der Grundgedanke der experimentellen Durchführung ist folgender: Auf eine Metalloberfläche, die sich zuerst auf tiefer Temperatur befindet, aber mittels direkter elektrischer Heizung auf jede gewünschte höhere Temperatur gebracht und aus der glüh- oder lichtelektrisch Elektronen ausgelöst werden können, wird eine genau gemessene Anzahl von Atomen des elektropositiven Metalls bis zu einer genau definierten Grenze $x_1 - x_2$ (Abb. 14) in sehr dünner Schicht, in der Regel nur ein Bruchteil einer vollständigen Atomlage, aufgebracht. Erhöht man nun die Temperatur und tritt Oberflächenwanderung auf, so überschreitet eine bestimmte Anzahl der aufgebrachten Atome, die von deren Konzentration und von der Temperatur abhängig ist, die Grenzen x_1, x_2 und breitet sich seitwärts über die Oberfläche aus.

[1] Becker, J. A.; Phys. Rev. 28, 341, 1926.
[2] Taylor, J. B. und Langmuir, I.; Phys. Rev. 44, 423, 1933.
[3] Bosworth, R. C. L.; Proc. Roy. Soc. London (A) 150, 158, 1935 und 154, 112, 1936.

Die Differentialgleichung, die diesen Vorgang der Ausbreitung der Atome von einer Stelle sehr hoher Konzentration C_o nach beiden Seiten hin beschreibt, ist völlig analog der Differentialgleichung der linearen Wärmeleitung längs eines dünnen Stabes, dessen Mantelflächen gegen Wärmeverluste adiabatisch geschützt sind und dem im Zeitpunkt $t_o = 0$ in der Mitte eine bestimmte Wärmemenge zugeführt wird, die seine Temperatur bis zum Werte C_o erhöht (Kurve t_o in Abb. 15a). Diese Differentialgleichung ist[1]

$$\frac{dC}{dt} = D \frac{d^2C}{dx^2} \tag{3}$$

in der D der Diffusionskoeffizient ist. Berechnet man nach Integration dieser Gleichung die Temperatur T als Funktion der Zeit t und des Ortes x, so erhält man für bestimmte Zeitpunkte $t_1, t_2 \ldots$ die in Abb. 15a eingezeichneten Kurven.

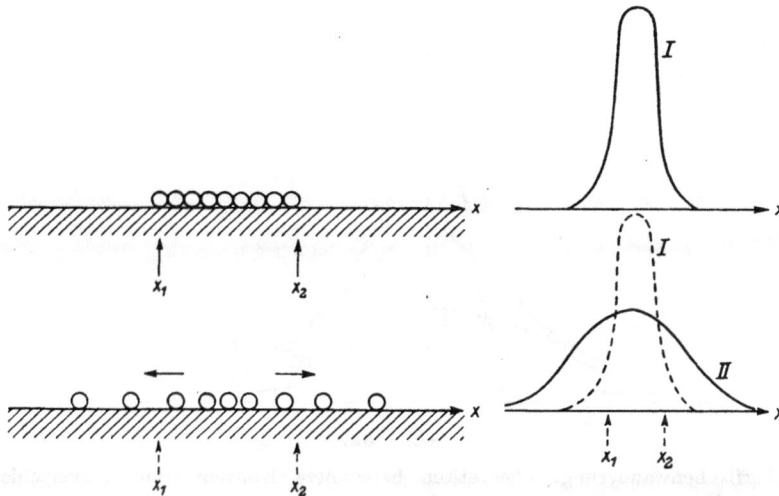

Abb. 14.

Zur Messung der Oberflächenwanderung mit der lichtelektrischen Methode.

An Stelle der Temperatur beim eindimensionalen Wärmeleitungsproblem tritt im Falle der Oberflächenwanderung die Konzentration C der Atome, die im Zeitpunkt $t_o = 0$ mit einer Konzentration C_o in der Mitte aufgebracht werden und sich nachher seitwärts ausbreiten. Die in Zeitpunkten $t_1, t_2 \ldots$ gemessenen Konzentrationen als Funktion des Ortes x müssen also durch gleiche Kurven dargestellt werden, wie die theoretisch berechneten der Abbildung 15a. Die Messung dieser Konzentrationen geschieht mit Hilfe der Elektronenemission, die an jeder Stelle der Oberfläche in quantitativ eindeutiger Weise mit der Zahl der auf der Oberfläche sitzenden elektropositiven Atome verknüpft ist, wie weiter oben gezeigt wurde. Bosworth tut es in der Weise, daß er ein sehr schmales, intensives Lichtbündel mit Strahlen solcher

[1] Siehe z. B. Schaefer, Cl.; Theor. Phys., Berlin 1921, Bd. II (1) S. 42.

Wellenlänge über die Oberfläche führt, daß sie aus der reinen Metalloberfläche
hoher Austrittsarbeit keine Lichtelektronen auslösen können, wohl aber aus
den mit den elektropositiven Atomen bedeckten Stellen, deren Austrittsarbeit stark vermindert ist. Die Messung unmittelbar nach dem Aufbringen
der elektropositiven Atome ergibt bei der graphischen Darstellung des beobachteten lichtelektrischen Stromes als Funktion des Ortes x die Kurve I
in Abb. 15b. Später erhält man nach Eintreten der Oberflächenwanderung
die Kurven II, . . .; in der Mitte ist die Intensität des lichtelektrischen Stromes
wegen Wegwanderns elektropositiver Atome gesunken, seitwärts ist sie ge-
stiegen. Da man aus der Höhe der Emission die Bedeckung, d. h. die Zahl
der Atome an jeder Stelle und in jedem Zeitpunkt bestimmen kann, ist eine
genaue Berechnung sowohl des Oberflächendiffusionskoeffizienten D mit

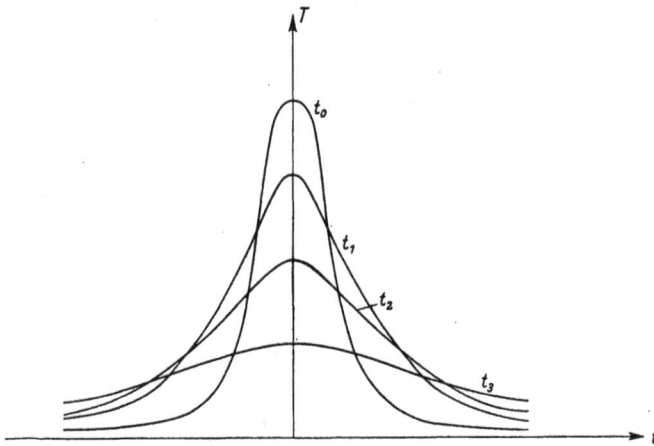

Abb. 15a.

Zur Oberflächenwanderung. Theoretisch berechnete Konzentration in verschiedenen
Zeitpunkten t_0, t_1 . . . in Abhängigkeit vom Ort (nach Schäfer).

Hilfe von (3) als auch der Aktivierungsenergie U (4) möglich. Denn der
Diffusionskoeffizient D ist von der Temperatur abhängig gemäß

$$D_T = D_O \cdot e^{-U/T} \tag{4}$$

worin U die Aktivierungsenergie ist. Die logarithmische Darstellung dieser
Beziehung

$$\ln D_T = \ln D_O - U/T \tag{5}$$

in Abhängigkeit von $1/T$ ist eine Gerade, deren Neigung die gesuchte Aktivierungsenergie gibt.

In Abb. 15b sind einige der von Bosworth für Kalium auf Wolfram er-
haltenen Ergebnisse eingetragen. Bei der experimentellen Auswertung der
Kurven muß allerdings berücksichtigt werden, daß einige der aufgebrachten
Atome auch durch Diffusion ins Innere des Trägers verschwinden.

Statt die lichtelektrische Emission zu verfolgen, kann man auch mittels
glühelektrischer Emission und geeignet angebrachter, unterteilter oder ver-
schiebbarer Elektroden die Wanderung der Atome über die Grenzen x_1, x_2

messend verfolgen, wie es Taylor und Langmuir, bzw. Becker und Mitarbeiter
taten. Jedoch hat diese Methode den Nachteil, daß der Träger zwecks Erzeugung der glühelektrischen Meßströme ständig auf ziemlich hoher Temperatur gehalten werden muß und man daher ständig Oberflächenwanderung
hat, während bei Verwendung der lichtelektrischen Methode die zur Oberflächenwanderung nötige Temperatur für ein ganz bestimmtes Zeitintervall
erzeugt werden kann; die Messung selbst aber erfolgt, wenn die Temperatur
des Trägers durch Ausschalten des Heizstromes wieder so weit erniedrigt
wurde, daß die Atome in ihren veränderten Lagen während der Messung
gewissermaßen festgefroren sind.

Der Oberflächendiffusi-
onskoeffizient hängt außer
von der Temperatur auch
sehr stark von der Be-
deckung der Oberfläche mit
elektropositiven Atomen
ab, da diese als Ionen adsorbiert sind und infolge-
dessen mit der Konzentra-
tion steigende Abstoßungs-
kräfte ausüben. Für Cs auf
W fanden Taylor und Lang-
muir experimentell

$$\log D = -15{,}90 + 3082/T$$

woraus sich für die zuge-
hörige Aktivierungsenergie
$U = 14{,}100$ cal/mol ergibt.
Zum Zwecke des Vergleichs
sei erwähnt, daß die Ver-
dampfungswärme der Cs-
Atome von der W-Ober-
fläche bei gleicher Bedek-
kung gleich 65,000 cal gefunden wurde.

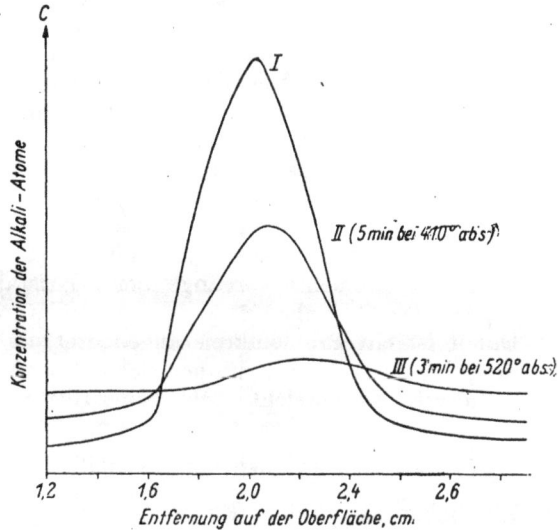

Abb. 15 b.

Experimentell bestimmte Kurven (nach Bosworth).

Für K-Atome auf Wolfram fand Bosworth mit der lichtelektrischen Methode
eine mittlere Aktivierungsenergie $U = 15\,900$ cal/mol.

Für die hier behandelten Fragen ist es nun von besonderer Wichtigkeit,
daß es Langmuir und Taylor auch gelungen ist, sowohl die Beweglichkeit
als auch die Aktivierungsenergie der in der zweiten Cs-Atomschicht auf der
ersten sitzenden Cs-Atome zu bestimmen, also unter Verhältnissen, wie sie
gerade für das Kristallwachstum aus der Gasphase wichtig sind, wo auch Oberflächenatome über die aus gleichen Atomen gebildete Unterlage wandern.
Erwartungsgemäß ergab sich die Beweglichkeit viel größer. Für den Diffusionskoeffizienten als Funktion der Temperatur wurde experimentell

$$\log D = -15{,}09 + 1000/T$$

gefunden und daraus eine Aktivierungsenergie $U = 4600$ cal berechnet; sie
ist viel kleiner als für die Cs-Atome auf der Wolframoberfläche.

Als Zahl der Platzwechsel bei 500°C berechnet man nun mit Hilfe der Beziehung (2) $z = 10^8$, eine Zahl, die allerdings viel höher ist als die theoretisch erwartete von rund 10^6 und die Volmer[1], weil durch einen nicht ganz einwandfreien Schluß aus den Meßergebnissen erhalten, für zu hoch hält. Immerhin kann sie als ein direkter, experimenteller Nachweis für das Vorhandensein so hoher Platzwechselzahlen gelten und beweist damit die hohe Bedeutung der Oberflächenwanderung für den hier ins Auge gefaßten Kristallisationsvorgang.

Statt sich der erhöhten Elektronenemission zum Nachweis bestimmter Atome an einer bestimmten Stelle einer Oberfläche zu bedienen, verwendet Schwarz[2] deren radioaktive Strahlung. Er schlägt auf einer Silberoberfläche Poloniumatome bis zu einer scharfen Grenze nieder und verfolgt mit fotografischer Aufnahme die Ausbreitung der Poloniumatome über diese Grenze bei Erhöhung der Temperatur. Eine quantitative Auswertung der Ergebnisse erfolgte jedoch nicht. Der Methode kommt aber heute, wo es möglich ist, fast zu jedem Atom ein radioaktives Isotop künstlich herzustellen, eine erhöhte Bedeutung zu. Denn hier zeigt sich die Möglichkeit, die Wanderung eines Atoms auf einer Oberfläche artgleicher Atome leicht und quantitativ zu erfassen. Solche Messungen liegen leider noch nicht vor, obwohl gerade dieser Fall der Oberflächenwanderung eines Atoms oder Moleküls über aus gleichen Atomen bestehende Oberflächen mit Rücksicht auf eine quantitative Erfassung der Elementarvorgänge beim Kristallwachstum im Sinne Kossel-Stranskischer Gedankengänge von besonderem Interesse ist.

Damit ist ein Problemkreis angedeutet, zu dessen experimenteller Erforschung die Methodik der dünnen Schicht schon wesentliche Beiträge geliefert hat und aller Voraussicht nach noch zu liefern vermag.

2. Das Einschwingen von Kristallbausteinen in die Gitterplätze

Wir haben als zweiten Elementarvorgang bei der Kristallisation den des Einschwingens der ursprünglich in vollkommen regellosen Lagen befindlichen Kristallbausteine in die geordneten Lagen des Kristallgitters erwähnt[3]. Die Methodik der dünnen Schicht bietet nun nach neuesten Beobachtungen und Messungen auch die Möglichkeit, an diese Einschwingvorgänge, durch die sich ursprünglich nicht in Gitterplätzen befindliche Kristallbausteine in die Gitterplätze der strengen Kristallordnung einfügen, quantitativ messend heranzukommen und die diesen Ordnungsvorgang bestimmenden Energiegrößen zu erfassen.

Rein qualitativ kann ein solcher Ordnungsvorgang in dünnen Schichten mit Hilfe von Elektronenbeugungsbildern der Schicht verfolgt werden. Stellt man nämlich eine solche Schicht durch Aufdampfen auf eine Kristalloberfläche oder eine andere Trägeroberfläche (Glas, Quarz, Kollodium) her, deren Temperatur sehr tief ist, dann gibt es wegen Fehlens der dazu nötigen, thermischen Energie weder Einschwingen noch Wandern der auftreffenden und haftenbleibenden Atome. Die Atome bauen dann in ihren durch den

---

[1] Volmer, M.; Kinetik der Phasenbildung, Berlin.

[2] Schwarz, K.; Z. phys. Chem. A 168, 241, 1934.

[3] Man kann ihn auch als Elementarvorgang jenes Prozesses auffassen, der in der Metallphysik als „Sammelkristallisation" bekannt ist. Siehe Masing, Hdb. der Metallphysik, Leipzig 1935, Bd. III (2), S. 7.

statistischen Charakter des Aufdampfvorganges bestimmten ungeordneten Lagen die Schicht auf und dieser Tatsache wird ein mehr oder weniger amorphes Beugungsbild entsprechen, wenn man eine solche Schicht mit Elektronen durchstrahlt. Dies sieht man z. B. schön an den von König[1] erhaltenen Elektronenbeugungsbildern (Durchstrahlung) einer Germaniumschicht, die auf eine KBr-Spaltfläche bei Zimmertemperatur aufgedampft und nach Weglösen des Trägers durchstrahlt wurde. Das erste Beugungsbild (Abb. 16) zeigt diffuse Beugungsringe, die Atome befinden sich also in einem ungeordneten Zustand, die Schicht ist amorph. Wird diese Schicht aber erwärmt, so tritt in einem engen Temperaturbereich von 460 bis 500° C eine Umwandlung der Schichtstruktur ein, die man aus dem jetzt erhaltenen Bild (b) ersehen kann. Scharfe, definierte Beugungsringe, also Kristallstruktur. Ähnliche an Antimonschichten von Haß[2] erhaltene Beugungsbilder zeigt die Abb. 17.

Diese an Germanium- und Antimonschichten erhaltenen Ergebnisse, die durch eine Reihe ähnlicher an anderen Metallen erhaltener ergänzt werden können und durch eine Fülle optischer, elektrischer und magnetischer Beobachtungen erweitert und gestützt werden, zeigen vor allem die vorerst für die Forschung wichtige Tatsache, daß die dünne Schicht uns die Möglichkeit gibt, denselben Festkörper nicht nur im ungeordneten, amorphen, und in einem völlig geordneten, kristallinen Zustand, sondern auch in Zwischenzuständen bei Einhaltung bestimmter Bedingungen willkürlich herstellen zu können. Die experimentelle Untersuchungsmethodik mit Elektronenstrahlen gibt in eindrucksvollster Weise Bilder

a   Abb. 16.   b

Elektronenbeugungsbilder (Durchstrahlung) von freitragenden Germaniumschichten.
a) Bild der bei Zimmertemperatur durch Aufdampfen hergestellten Schicht, b) Bild derselben Schicht nach Erwärmung auf 460—500° C (nach König).

dieser Zustände, vor allem der am Anfang und Ende gelegenen, sie führt, um ein früheres Wort wieder zu gebrauchen in erster Linie zu Bildern des Seins, nicht aber zu solchen des Werdens. Allerdings können auch mit der Elektronenstrahlmethode Beugungsbilder der Zwischenzustände, theoretisch in beliebiger Zahl, aufgenommen werden und man kann damit ein Bild vom Werden des geordneten aus dem ungeordneten Zustand erhalten. Es wird im Abschnitt II

[1] König, H.; Reichsber. f. Phys. 1, 4, 1944.
[2] Haß. G.; Ann. d. Phys. (5) 31, 245, 1938.

über Zwischenbausteine beim Kristallisationsprozeß gezeigt, zu welch wertvollen Ergebnissen die Entwicklung dieser Methode durch Richter, König und
andere geführt hat.

Einen in anderer Hinsicht viel tiefer dringenden Einblick, der die Gesetz-
mäßigkeiten des Vorganges quantitativ erfaßt und damit zu einer Erkenntnis
des dem Ordnungsvorgang zugrunde liegenden Elementarvorganges führt,
ermöglicht jedoch eine andere Untersuchungsmethode mit Hilfe dünner
Schichten, die neuerdings in den Händen von Suhrmann und Mitarbeitern
die ersten bedeutsamen Ergebnisse gebracht hat. Diese Methodik bedient sich
der Widerstandsmessungen an dünnen Metallschichten.

Der elektrische Widerstand der Festkörper überdeckt bekanntlich die
außerordentlich weite Spanne von über 30 Zehnerpotenzen. An dem einen
Ende der Reihe steht mit höchstem Widerstand etwa Bernstein (spezifischer
Wid. $\sim 1.10^{21}\, \Omega \cdot$ cm), am anderen Ende Silber ($\varrho_{Ag} = 1,5 \cdot 10^{-6}\, \Omega \cdot$ cm).

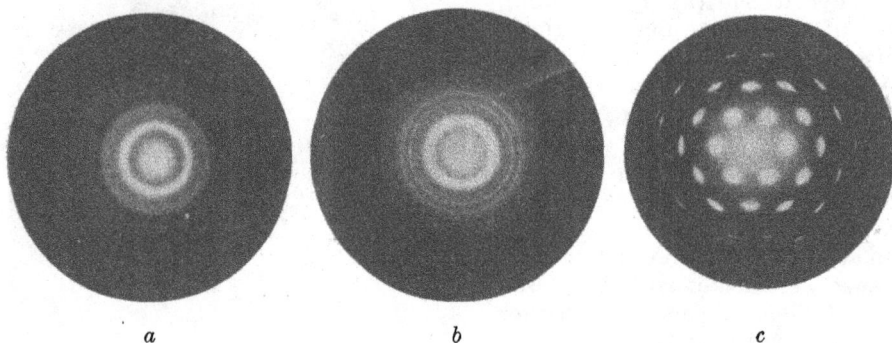

a   b   c

Abb. 17.

Elektronenbeugungsbilder (Durchstrahlung) von Antimonschichten. a) Schicht bei
—150° C aufgedampft, bei Zimmertemperatur aufgenommen; b) dieselbe Schicht bei
+100° C; c) dicke Antimonschicht bei +150° C aufgedampft (nach Haß).

Nimmt man die bei tiefsten Temperaturen auftretende Supraleitung hinzu,
so vergrößert sich dieses Intervall mindestens um eine weitere Zehnerpotenz.
Die neuesten Ergebnisse der Forschung an dünnen Schichten haben nun gezeigt, daß man an einem einzigen Körper, etwa dem Quecksilber,
alle dieser so großen Spanne entsprechenden Zustände willkürlich herstellen kann, indem man dünne Schichten dieses Metalles unter
ganz bestimmten Bedingungen und mit ganz bestimmter Dicke herstellt.
Dabei ist, um diese weite Spanne der Leitfähigkeiten bzw. aller ihr entsprechenden Zustände des Festkörpers zu überstreichen, nichts weiter nötig als
eine relativ geringe Änderung der Schichtdicke. Stellt man Hg-Schichten
unter saubersten Bedingungen durch Aufdampfen im Vakuum auf bis nahe
an den absoluten Nullpunkt gekühlten Trägern (Glas) her, so sind diese bis zu
einer Dicke von etwa 15 Atomlagen ($\sim 45\,\text{Å}$) nichtleitend[1], d. h. ihr Zustand
entspricht dem eines Isolators. Bei weiterer Dickezunahme oder Erwärmung

---

[1] Siehe Abschn. IV.

erscheint dann metallische Leitfähigkeit und wächst schnell über die ganze
Skala der Leitfähigkeitswerte schlechtester, schlechter und mittlerer Leiter
bis zu jenen der guten metallischen Leiter und von einer Dicke von rund
80 Atomlagen (~ 250 Å) an können diese Schichten auch supraleitend gemacht werden und haben gleichen Sprungpunkt wie das massive Metall
(4,2° abs).

Es kann keinem Zweifel unterliegen, daß sowohl der theoretischen, als auch
vor allem der experimentellen Forschung, welche beide die Aufgabe haben,
die verwirrend große Fülle der die genannte große Spanne der Leitfähigkeit
der Festkörper umfassenden Einzelerscheinungen durch Zurückführung auf
einige wenige Grunderscheinungen zu erklären, durch die eben genannte
Tatsache die Möglichkeit zu einer außerordentlichen Vereinfachung gegeben
ist. Jedoch stehen wir in der Ausschöpfung dieser Möglichkeiten erst am
Beginn. Der Zweck dieser Ausführungen ist es, die Aufmerksamkeit auf sie
zu lenken.

Die moderne Elektronentheorie der Metalle zeigt, daß in einem ideal-
periodischen Potentialfeld, wie es etwa das eines idealen Kristallgitters bei
Fehlen jedweder Wärmeschwingung seiner Bausteine, also beim absoluten
Nullpunkt, ist, freie Elektronen sich völlig widerstandsfrei bewegen sollten.
Der Widerstand kommt erst dadurch zustande, daß die Störungen im ideal-
periodischen Verlauf des Potentials im Kristallinnern für diese Bewegung
der Elektronen bzw. der Elektronenwellen Hindernisse darstellen. Diese
Störungen werden erstens durch die Wärmeschwingungen der Kristallbausteine verursacht. Je höher die Temperatur ist, um so stärker ist die
mittlere Amplitude dieser Schwingungen und um so größer die Störung;
der mit der Temperatur steigende Widerstand der metallischen Leiter einerseits, das Verschwinden dieses Anteils des Widerstandes der Metalle beim
absoluten Nullpunkt andererseits, finden in dieser Vorstellung ihre Erklärung.
Zweitens werden solche Störungen auch durch rein mechanische Verzerrungen des Gitters (Druck, Zug, Kaltbearbeitung, Kornzerkleinerung usw.)
oder durch Einbau von Fremdatomen (chemische Störung) verursacht; sie
geben in den Temperaturbereichen, in denen diese Störungen sich bei Änderung der Temperatur selbst nicht ändern, einen temperaturunabhängigen
Zusatzwiderstand ζ. Dieser Sachverhalt, nämlich daß der spez. Wid. ϱ der
Metalle sich aus zwei Anteilen zusammensetzt, einem temperaturabhängigen,
beim absoluten Nullpunkt verschwindenden Anteil, und einem temperaturunabhängigen, durch Fehlordnung des Kristallgitters verursachten Zusatzwiderstand, findet seinen Ausdruck in der bekannten wichtigen Matthiessen-
Regel

$$\varrho = f(T) + \zeta \qquad (6)$$

Die Deutung wird gestützt durch experimentelle Ergebnisse, von denen wir
hier in Abb. 18 als besonders anschaulich die Ergebnisse von Widerstandsmessungen an verschieden reinen und verschieden verformten Goldproben
in der Nähe des absoluten Nullpunktes zeigen. Aus dem parallelen Verlauf
der Kurven, die den spez. Wid. (ϱ) als Funktion der Temperatur zeigen,
ersieht man den von Probe zu Probe unveränderlichen, temperaturabhängigen
Anteil von $d\varrho/dT$, der ja durch die Tangente an die Kurven gegeben ist,
und dem durch die Wärmeschwingungen der Goldatome verursachten Anteil

entspricht; andererseits ersieht man aus der verschiedenen Höhe, in die die Kurven bei 0° abs in die ϱ-Achse einmünden, den temperaturunabhängigen, durch den Grad der Verformung bedingten Zusatzwiderstand ζ.

Beschränken wir uns vorerst auf absolut reine Metalle, dann können wir Störungen des Kristallgitters durch Fremdatome außer acht lassen. Der **Zusatzwiderstand** ζ ist dann nur durch die durch die mechanischen Verzerrungen gestörte strenge Ordnung der Gitterbausteine verursacht und mithin ein **Maß für den Ordnungszustand des Metallkristalls.**

Wenn nun eine Metallschicht dadurch hergestellt wird, daß Metallatome unter saubersten Bedingungen im höchsten Vakuum auf einen bis nahe an den absoluten Nullpunkt gekühlten Träger aufgedampft werden, dann wird ihnen die thermische Energie für Einschwing- oder Platzwechselvorgänge fehlen. Sie werden im allgemeinen in den ungeordneten Lagen bleiben, die durch den statistischen Charakter des Aufdampfvorganges bestimmt sind. Entsprechend dem Zusammenhang zwischen Zusatzwiderstand ζ und Ordnungszustand ist dann zu erwarten, daß solche Schichten einen dem gewöhnlichen kompakten Metall gegenüber sehr hohen spez. Wid. (Anteil ζ) haben werden. Das beweisen in der Tat sehr zahlreiche Beobachtungen und Messungen[1].

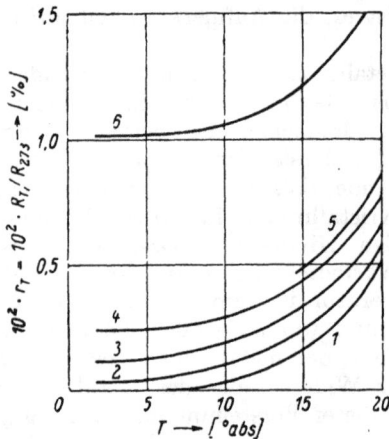

Abb. 18.

Widerstand verschiedener Goldproben bei tiefen Temperaturen (nach Meißner). 1. Au-ideal; 2. Au-Kristall; 3. Au-Draht (nach Messungen von Meißner); 4.-6. verschiedene Au-Proben (nach Messungen in Leiden) (nach Justi).

Erhöht man nun die Temperatur einer solchen Schicht und damit die thermische Schwingungsenergie der Atome, so werden in zunehmendem Maße Einschwingen und Platzwechsel möglich, in den Schichten wird ein Ordnungsvorgang einsetzen und ablaufen, und die dadurch verursachten Änderungen des Ordnungszustandes müssen sich im spez. Wid. der Schichten spiegeln. Nun führen aber nach Debye[2] die Bausteine eines Körpers Wärmeschwingungen mit den Frequenzen von $\nu = 0$ bis zu einer maximalen Frequenz ν_{max} aus; letzterer kann man rein formal zufolge der Planckschen Energiebeziehung $E = h \cdot \nu$ und der Beziehung $E = kT$ eine Temperatur, die sog. charakteristische Temperatur $\Theta = h \cdot \nu_{max}/k$ zuordnen, die die maximale Energie (Grenzenergie) dieser Wärmeschwingungen charakterisiert. Man wird vermuten dürfen, daß zwischen Ordnungsvorgang, soweit er eine Art von Einschwingvorgang ist und dieser Grenzenergie bzw. der sie kennzeichnenden charakteristischen Temperatur Θ, Beziehungen bestehen. Diese zu erkennen, bedeutet dann, der Erkenntnis dieses Ordnungsvorganges, dessen Einzelschritte als Elementarereignisse der Kristallisation bezeichnet werden

[1] Übersicht und Gesamtschrifttum dazu in H. Mayer, „Physik dünner Schichten", Bd. II.
[2] Debye, P.; Ann. d. Phys. 39, 789, 1912.

können, näher zu kommen. Da der Ordnungszustand und seine Änderungen sich aber zufolge der Matthiesen-Regel quantitativ im spez. Widerstand und dessen Änderungen spiegeln müssen, wird man nach den Zusammenhängen zwischen diesen Widerstandsänderungen und der charakteristischen Temperatur suchen.

Das ist der Weg, dessen konsequente Verfolgung mit ersten erfolgreichen Ergebnissen wir hauptsächlich Suhrmann und seinen Mitarbeitern verdanken.

Die geforderten Versuchsbedingungen sind aus dem bisher Gesagten klar, ebenso die Versuchsführung. Die Metalle müssen unter saubersten Bedingungen im höchsten Vakuum auf Träger möglichst tiefer Temperatur aufgedampft werden. Die Temperatur des Trägers muß um so tiefer sein, je tiefer die charakteristische Temperatur des betreffenden Metalles liegt. Die Schichten dürfen nicht zu dünn sein, um störende, fremde Kraftwirkungen vom Träger her zu vermeiden, die naturgemäß auf die Atome einer nur wenige Atomlagen dicken Schicht besonders stark sind, während ja gerade durch die hier beschriebenen Versuche der dem untersuchten Festkörper eigene Elementarvorgang untersucht und möglichst rein herausgeschält werden soll. Gemessen werden die Änderungen des spez. Wid. einer

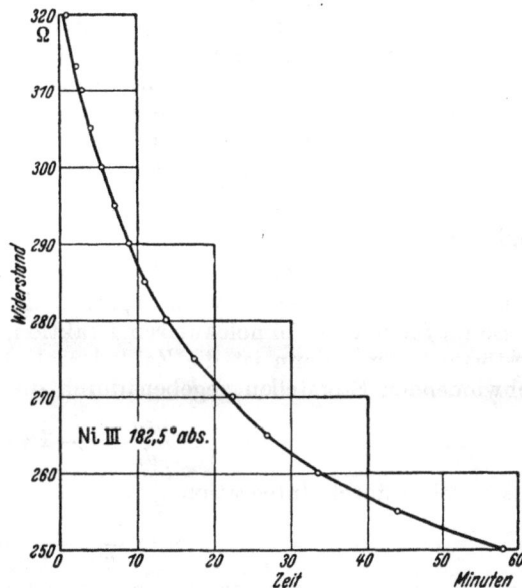

Abb. 19.

Zeitliche Widerstandsabnahme einer bei 60° abs auf Quarz aufgedampften Ni-Schicht (Dicke 140 Å) gemessen bei der konstanten Temperatur 182,5° C (nach Suhrmann und Schnackenberg).

solchen Schicht, wenn man sie nach der Herstellung auf eine bestimmte und dann längere Zeit konstant gehaltene Temperatur bringt und nun die Einstellung des dieser höheren Temperatur entsprechenden Ordnungszustandes durch Messung des Widerstandes als Funktion der Zeit verfolgt.

Abb. 19 zeigt das Ergebnis einer solchen Messung, die an einer 140 Å dicken Ni-Schicht durchgeführt wurde, die bei 64° abs auf Quarz aufgedampft worden war. Nach Erwärmung auf 182,5° C wurde bei dieser konstant gehaltenen Temperatur der Widerstand als Funktion der Zeit gemessen und die in der Abb. 19 gegebene hyperbolische Kurve gefunden. Eine Reihe ähnlicher Kurven wurden von Suhrmann und Schnackenberg[1] auch für die Metalle

[1] Suhrmann, R., und Schnackenberg, H.; Z. Phys. 119, 287, 1942.

Ag, Au, Cu, Pb und Bi erhalten. Rein empirisch lassen sich alle diese Kurven durch eine Formel

$$R - R_\infty = \frac{1}{k \cdot t + K_o} \qquad K_o \equiv \frac{1}{R_o - R_\infty} \qquad (7)$$

darstellen (ausgezogene Kurve in Abb. 19), worin R_o der Anfangswert des Widerstandes zur Zeit $t = 0$, R der zur Zeit t gemessene Wert und $R\infty$ der Endwert ist, dem der Widerstand bei der betreffenden Temperatur asymptotisch zustrebt; k ist eine Konstante.

Diese empirisch gewonnene Formel haben Suhrmann und Schnackenberg in folgender Weise theoretisch gedeutet. Jede Widerstandsabnahme $\zeta = R - R\infty$ kommt dadurch zustande, daß eine bestimmte Zahl Störstellen in der Metallschicht infolge von Einschwing- oder Platzwechselvorgängen verschwinden. Es wird grundsätzlich angenommen, daß die Zahl der verschwundenen Störstellen n jeweils der zugehörigen, experimentell beobachteten Widerstandsänderung ζ proportional ist. Es soll also allgemein gelten

$$n = \zeta \cdot r \qquad \zeta = R - R_\infty \qquad (8)$$

und daher

$$n_o = \zeta_o \cdot r \qquad \zeta_o = R_o - R_\infty \qquad (9)$$

Betrachtet man den Elementarprozeß des Ordnungsvorganges versuchsweise im Sinne einer bimolekularen Reaktion, d. h. als Zusammenstoß zweier gestörter Atome, dann ist die Zahl der als Folge davon je Zeiteinheit verschwindenden Störstellen gegeben durch die einfache Beziehung

$$\frac{dn}{dt} = - k'n^2 \qquad (10)$$

aus welcher durch Integration

$$n = \frac{1}{k't + 1/n_o} \qquad (11)$$

folgt. Setzt man in diese die aus (8 und 9) folgenden Werte für n und n_o ein, so erhält man

$$\zeta = \frac{1}{kt + 1/\zeta_o} \qquad \text{mit } k = k'r \qquad (12)$$

und daraus bei Einführung der Werte für ζ und ζ_o

$$R - R_\infty = \frac{1}{k \cdot t + \dfrac{1}{R_o - R_\infty}} \qquad (13)$$

d. h. die Beziehung (7). Die Konstante $k = r \cdot k'$ ist dabei ein Maß für die Geschwindigkeit, mit der die Störstellen abgebaut werden, denn k' ist ja zufolge (10) die diesen Abbau charakterisierende Geschwindigkeitskonstante selbst.

Will man nun die Möglichkeiten, die diese Deutung der experimentellen Ergebnisse offenbar bietet, noch weiter ausschöpfen, so kann man versuchen, die für eine bimolekulare Reaktion geltende Arrheniussche Gleichung

$$k = \text{const} \cdot e^{-\frac{Q_a}{RT}}$$

anzuwenden und daraus die Aktivierungsenergie Q_a des oben geschilderten

Ordnungsvorganges zu berechnen. Voraussetzung dafür ist jedoch, daß keine andere Abhängigkeit des k außer der in der Beziehung erfaßten von Q_a und T vorhanden ist. Diese Bedingung ist jedoch, wie auch die Versuche zeigen, natürlicherweise nicht erfüllt. Denn die in (7) und (13) auftretende Konstante k ist beim gleichen Metall, und bei verschiedenen Schichten des gleichen Metalls auch bei gleicher Temperatur, je nachdem verschieden, in welchem Ordnungszustand die Schicht sich schon befindet, d. h. sie hängt von der Vorgeschichte ab. Daraus erhellt, daß man die Konstante k immer auf den gleichen relativen Ordnungszustand der Schicht des gleichen Metalls beziehen muß, wenn die Anwendung der Gleichung von Arrhenius sinnvoll sein soll. Dies kann in folgender Weise geschehen : Die in einer Schicht bei einer bestimmten Temperatur schon vorhandene Ordnung, gemessen an einer bei der gleichen Temperatur bestmöglichen Ordnung, wird ja nach den Grundvoraussetzungen der Überlegungen durch den Unterschied der Widerstände, die diesen beiden Ordnungen entsprechen, gegeben, also durch $\zeta = R - R_\infty$. Je größer dieser Unterschied bzw. der Zusatzwiderstand ζ ist, um so größer ist die Verschiedenheit der vorhandenen gegenüber der bestmöglichen Ordnung. Letztere wird durch R_∞ gekennzeichnet, die bei Beginn des Versuches vorhandene durch R_0; je größer $R_0 - R_\infty$ ist, um so weiter ist der Ordnungszustand zu Beginn von dem am Ende asymptotisch erreichten bestmöglichen verschieden und der Quotient $(R_0 - R_\infty)/R_0$ ist somit ein Maß für die „relative Ordnung". Es ist einleuchtend, daß die an verschiedenen und selbst an gleichen Schichten des gleichen Metalles bei gleicher und verschiedener Temperatur gemessenen

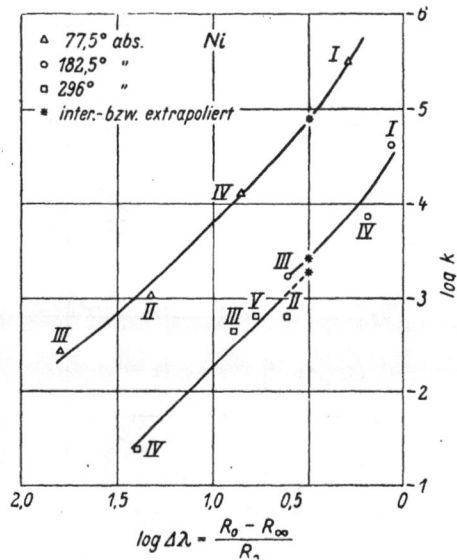

Abb. 20.

Geschwindigkeitskonstante k des Ordnungsvorganges in Ni-Schichten (Dicke 100—200 Å) in Abhängigkeit vom relativen Ordnungsgrad $(R_0 - R)/R_0$ (nach Suhrmann und Schnackenberg).

Werte der Geschwindigkeitskonstanten k nur dann sinnvoll miteinander verglichen werden können, wenn sie auf gleiche relative Ordnung bezogen sind, d. h. wenn ihre Abhängigkeit von den augenblicklich gerade herrschenden Kristallisationsverhältnissen ausgeschaltet ist. Miteinander vergleichen darf man nur k-Werte, die zum gleichen $(R_0 - R_\infty)/R_0$ Wert, also zu gleichen Kristallisationsverhältnissen gehören. Solche Werte kann man aus einer graphischen Darstellung der bei gleichen und verschiedenen Temperaturen an gleichen und verschiedenen Schichten gemessenen k-Werte und $(R_0 - R_\infty)/R_0$-Werte entnehmen, wie sie Abb. 20 etwa für die schon in der Abb. 19 behandelten Ni-Schichten dargestellt ist. Man erkennt aus ihr, daß die zu einer bestimmten Temperatur gehörigen, an verschiedenen Schichten ge-

messen k-Werte einen klaren Zusammenhang mit dem relativen Ordnungsgrad zeigen, so daß man berechtigt ist, der Darstellung durch Interpolation
die zu irgendeinem bestimmten Wert desselben gehörigen k-Werte zu entnehmen. Auf diese Werte, die jetzt nur mehr als von Q_a und T abhängig betrachtet werden können, kann man nun die Gleichung von Arrhenius anwenden, die, in der Form

$$\log k = - \frac{Q_a}{RT} \log e - \text{const} \tag{14}$$

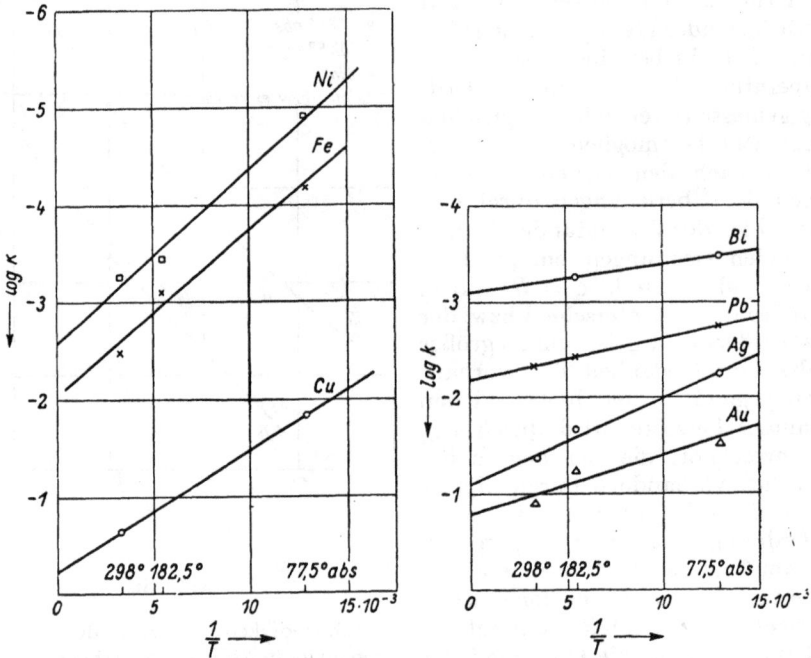

Abb. 21.

Abhängigkeit der auf gleiche Kristallisationsbedingungen bezogenen Geschwindigkeitskonstanten k des Ordnungsvorganges von der Temperatur (nach Suhrmann und
Schnackenberg).

geschrieben und graphisch dargestellt, Gerade ergeben muß, aus deren
Neigung Q_a in relativem Maße bestimmt werden kann. Abb. 21 zeigt das
Ergebnis für einige Metallschichten.

Die von Suhrmann und Schnackenberg solcher Art berechneten Aktivie-
rungsenergien des Ordnungsvorganges sind in der dritten Kolonne der Tabelle I
eingetragen. Die vierte Kolonne enthält die mittels der Beziehung ($\Theta = h\nu_{max}/k$)
aus der charakteristischen Temperatur berechneten Grenzschwingungs-
energien. Man erkennt, daß beide nahezu gleich sind.

Tabelle I.

Metall	Charakt. Temp.[1] Θ	Grenzschwingungsenergie $E_g = h \cdot v_g = k \cdot \Theta$ in cal/gr-Atom	Aktivierungsenergie Q_a des Ordnungsvorganges in cal/gr-Atom
Ni	375 (425)	744 (844)	829
Fe	420 (407)	834 (807)	786
Cu	315	625	582
Ag	215	427	420
Au	170	337	293
Pb	88	175	208
Bi	80	159	152

Da die so gefundenen Werte der Aktivierungsenergie dieses Ordnungsvorganges um zwei Größenordnungen kleiner sind, als die für den Platzwechsel von Metallatomen bei Diffusion beobachteten (Pb: 27900 cal/gr-Atom[2]) kann man wohl mit Suhrmann und Schnackenberg schließen, daß der Ordnungsvorgang sich hier tatsächlich nur als Einschwingvorgang abspielt.

Es sei hier nur kurz erwähnt, daß andere Forscher, z. B. Vand[3], auf Grund ähnlicher Messungen zu dem Ergebnis kommen, daß die Aktivierungsenergie des Ordnungsvorganges viel höher ist, als es Suhrmann und Mitarbeiter fanden, und zwar gleich der Platzwechselenergie bei der Selbstdiffusion von Metallatomen im eigenen Metallgitter. Wenn man diesem Ergebnis auch kein so großes Vertrauen entgegenbringen kann, wie dem Suhrmannschen, weil der Auswertung der Ergebnisse von Vand eine Reihe sehr willkürlicher Annahmen und Parameter zugrunde liegen, so folgt aus diesen Widersprüchen erster Ergebnisse zu diesen Fragen doch, daß Wiederholung, Prüfung und Ergänzung dieser bisher erzielten Ergebnisse sehr wünschenswert ist. Denn Vand wird in seinen Überlegungen zu der Annahme geführt, daß eine Störstelle 14 Atome umfaßt; nun zeigen aber neuere Ergebnisse über Zwischenbausteine beim Kristallaufbau, die in Abschnitt II eingehender besprochen sind, daß solche Bausteine höherer Ordnung, die in solchen Schichten vorhanden sind, beim Eisen 9, beim Germanium 17 Atome umfassen. Die Möglichkeit des Einschwingens ganzer Atomkomplexe erscheint also durchaus gegeben.

Unabhängig davon aber ist die Tatsache, daß die beschriebene Methode, die sich der dünnen Schicht bedient, ein Forschungsweg zur Erkenntnis dieses Elementarprozesses der Kristallisation ist.

[1] Berechnet aus dem Temperaturverlauf der spez. Wärmen. Die Werte in den Klammern sind berechnet mit der Schmelzpunktformel.

[2] Seith, W.; Diffusion in Metallen, Berlin 1939.

[3] Vand, V.; Z. Phys. 104, 87, 1937.

II. BAUSTEIN UND ZWISCHENBAUSTEIN
BEIM ELEMENTARPROZESS DES KRISTALLAUFBAUES

Wird ein Hg-Kristall, der wie jeder Metallkristall ein Atomgitter ist, durch Sublimation aus der Dampfphase aufgebaut, wie es etwa in den zum Begriff der Oberflächenwanderung führenden Versuchen Volmers geschah[1], so ist der Elementarbaustein, aus dem durch Aneinanderfügen im unzählige Male wiederholten Schritt der große Kristall aufgebaut wird, das einzelne Hg-Atom. Wächst dagegen ein NaCl-Kristall aus der Dampfphase, der wie alle Salze ein Ionengitter hat, so sind es NaCl-Moleküle, die, aus dem Dampf kondensierend, im wiederholbaren Schritt aneinandergereiht werden; und es müssen diese NaCl-Moleküle als Ganzes sein, die über die Oberfläche hin von der Auftreff- zur Wachstumsstelle wandern. Im fertigen Kristall allerdings sind diese NaCl-Moleküle, die man hier als Bausteine höherer Ordnung bezeichnen kann, nicht mehr erkennbar; denn die Kräfte zwischen allen Ionen sind vollkommen gleichartig, jedes positive Na^+ Ion ist von sechs negativen Cl^--Ionen in völlig symmetrischer Weise umgeben[2] und man kann zu jedem Na^+-Ion jedes beliebige dieser sechs Cl^--Ionen als Partner zu einem NaCl-Molekül wählen und umgekehrt. Dies bedeutet aber wohl, daß der Molekülbegriff als eine Zweiheit aus je einem ganz bestimmten Na und Cl-Atom seinen ursprünglichen Sinn verloren hat. Beim Kristallaufbau aus der Dampfphase tritt neben die Elementarbausteine Na^+- und Cl^--Ion des fertigen Gitters der Elementarbaustein höherer Ordnung, das NaCl-Molekül. Es gibt in diesem Falle also einen Zwischenbaustein beim Kristallwachstum, der im fertigen Gitter als solcher nicht mehr erkennbar ist.

Noch deutlicher tritt der Elementarbaustein höherer Ordnung natürlich in den Molekülgittern auf, in denen die innermolekularen Kräfte stärker als die zwischenmolekularen sind, so daß der Molekülverband auch im Gitter erhalten und experimentell erkennbar und nachweisbar bleibt. Von den Elementen bilden Schwefel und Jod solche Gitter, von Verbindungen sind es HCl, CO_2 u. a.

Als eine für die Kenntnis des Elementarprozesses beim Kristallwachstum wichtige Frage taucht daher die auf, ob es nicht auch beim Aufbau der Metallkristalle ausgesprochener Metalle solche Zwischenbausteine, solche Bausteine höherer Ordnung gibt, die als Atomgruppen ganz bestimmter Form und Regelmäßigkeit auftreten, beim Aufbau eine wichtige, wenn nicht gar die einzige Rolle spielen, später aber im fertigen Kristall als Einzelbausteine nicht mehr erkennbar sind.

Die Frage liegt um so mehr nahe, als die neueren Ergebnisse der Strukturforschung an Metallen in flüssigem Zustand[3], die mit Röntgenstrahlen und Fourieranalyse der erhaltenen Beugungsbilder durchgeführt wurden, gezeigt haben, daß die strenge und vollständige Ordnung des festen Metallkristalls

[1] Siehe S. 18.
[2] Siehe Abb. 1, S. 15.
[3] Schrifttum u. a. bei Richter H.; Phys. Z. 44, 406, 1943.

im flüssigen Zustand nicht restlos aufgelöst ist; es bleibt vielmehr ein Rest von Ordnungszustand erhalten, der darin besteht, daß eine gewisse Zahl (Koordinationszahl) und annähernd auch Entfernung und Anordnung der nächsten Nachbarn eines Atoms, wenn auch etwas verschmiert, erhalten bleiben. Es wird also beim Übergang vom Zustand des festen Gitters zu dem der Flüssigkeit wohl die Fernordnung ganz aufgelöst, es bleibt aber ein Rest einer sich auf die nächsten Nachbarn erstreckenden Nahordnung bestehen. Eine wiedereinsetzende Kristallisation findet dann diese Bausteine höherer Ordnung schon fertig vor.

Durch Anwendung der experimentellen Methodik dünner Schichten ist es König[1] und Glocker[2] und Mitarbeitern gelungen, auch auf diese Frage nach dem eventuellen Vorhandensein von Zwischenbausteinen beim Metallkristallaufbau, die dabei als Bausteine höherer Ordnung auftreten, eine erste Antwort zu geben, nachdem dies vorher schon Richter[3] in einer ähnlichen Untersuchung für eine Reihe von Metalloiden getan hatte.[4]

Der Grundgedanke der experimentellen Durchführung knüpft an die Erfahrungen und die daraus abgeleiteten Vorstellungen über die Vorgänge beim Aufbau dünner Schichten durch Aufdampfen auf gekühlte Träger im höchsten Vakuum an, wie sie schon in den vorhergehenden Abschnitten wiederholt erwähnt wurden. Die Auftreffstellen von Atomen eines Atomstrahls sind ja statistisch verteilt und der dadurch bedingte Zustand der Unordnung bleibt bestehen, wenn der Träger so tief gekühlt ist, daß weder für Einschwingvorgänge der haftengebliebenen Atome in die geordneten Lagen des Kristallgitters noch für Platzwechselvorgänge in solche die dazu nötige thermische Energie zur Verfügung steht. Es kann also unter diesen Bedingungen keine Ordnung in einer solchen im Aufbau befindlichen Schicht entstehen. Jedoch haben wir gesehen, daß zwischen Nah- und Fernordnung scharf unterschieden werden muß, insofern die erstere recht wohl noch bestehen kann, auch wenn die letztere nicht mehr vorhanden ist (flüssige Metalle). Angewendet auf die dünnen Schichten, die auf tiefgekühlten Trägern durch Aufdampfen hergestellt werden, besagt diese Erkenntnis, daß eine Fernordnung, d. h. das Entstehen von kleineren oder größeren Kriställchen, nicht möglich sein wird. Die Möglichkeit des Entstehens einer gewissen Nahordnung jedoch kann nicht mit derselben Bestimmtheit verneint werden; denn jedes Atom aus dem Atomstrahl bringt ja beim Auftreffen auf die Trägeroberfläche oder auf dort schon vorhandene Schichtatome seine relativ hohe kinetische Energie mit, die der Verdampfungstemperatur entspricht, welche ja nicht klein sein kann. Diese Energie muß beim Aufprallen und Haftenbleiben an den nächsten oder die nächsten Nachbarn abgegeben werden. Dies aber bedeutet, daß innerhalb eines sehr kleinen Nahbereiches, im Grenzfall das auftreffende und ein getroffenes Atom umfassend, und innerhalb eines sehr kleinen Zeitintervalls, die für Einschwingvorgänge oder vielleicht sogar für einen einzigen Platzwechsel nötige thermische Energie durchaus vorhanden sein wird. Damit ist aber selbst bei tiefgekühlten Trägern eine gewisse Nahordnung innerhalb kleinster, nur einige Atome umfassender Bereiche möglich.

[1] König, H.; Optik 3, 201, 1948.
[2] Fürst, O., Glocker, R. und Richter, H.; Z. Naturf., im Druck.
[3] Richter, l. c.
[4] siehe auch Franck, K., Müller, Th. u. Raithel, K.; Optik 5, 197, 1949.

Mit steigender Temperatur oder Dicke werden auch diese Nahbereiche mehr und mehr Atome umfassen können.

Daraus erhellt, daß bei geeigneter vorsichtiger Versuchsführung bei Einhaltung sauberster Bedingungen mit Hilfe der dünnen Schicht solche geordnete Nahbereiche willkürlich erzeugt und mit geeigneter Methode wohl auch nachgewiesen werden können. Dies ist der von Richter für Metalloide und nachher von König und Glocker für Metalle eingeschlagene Weg. König baute die Schicht aus Eisenatomen auf, die langsam von einem glühenden Eisendraht her aufgedampft werden. Träger ist wegen der zur Strukturuntersuchung nötigen Elektronendurchstrahlung ein gekühltes Kollodiumhäutchen. Während des Schichtaufbaues, d. h. während des Aufdampfens, wird das Elektronenbeugungsbild, das die Schicht bei Durchstrahlung gibt, ständig beobachtet bzw. fotografisch festgehalten.

Die Strukturuntersuchung mit Elektronenstrahlen hat allerdings immer den Nachteil, daß mit ihr Energiezufuhr und damit lokale Erwärmung notwendigerweise verbunden sind. Diese kann in einer vorher amorphen Struktur zur Gitterbildung führen. Glocker und Mitarbeiter vermeiden dies in ihrer Untersuchung, indem sie dünne Germaniumschichten auf Steinsalzträger aufdampfen, nachher den Träger weglösen und so viele dieser dünnen Schichten auf einem anderen geeigneten Träger aufeinanderpacken, daß die für die Entstehung von Röntgeninterferenzen nötige Schichtdicke erreicht wird.[1] Die Untersuchung der Struktur mit Röntgenstrahlen ist aber von dem eben genannten Nachteil frei.

In Abb. 22 sind Fotometerkurven von drei während des fortschreitenden Fe-Schichtaufbaus von König gemachten aufeinanderfolgenden Aufnahmen gezeigt. Eine sehr dünne Schicht gab die Kurve (a), (b) wurde von der gleichen Schicht bei etwas größerer Dicke und (c) von derselben Schicht nach zweistündigem Erwärmen im Vakuum auf etwa 150° C erhalten. Die sehr dünne Schicht (a) ist jedoch schon so dick, daß sie ferromagnetisch ist; sie gibt sehr diffuse Beugungsringe von der Art wie sie in Abb. 16, Seite 33 zu sehen sind. Die dickere Schicht (b) gibt schon schärfere, in ihrer Lage bestimmtere Beugungsringe, die schließlich im Zustand (c) die Schärfe einer normalen Debye-Scherrer-Aufnahme an einer kristallinen Schicht erreichen, für die in Abb. 16, Seite 37 ein Beispiel gegeben ist. Die Zunahme der Größe der geordneten

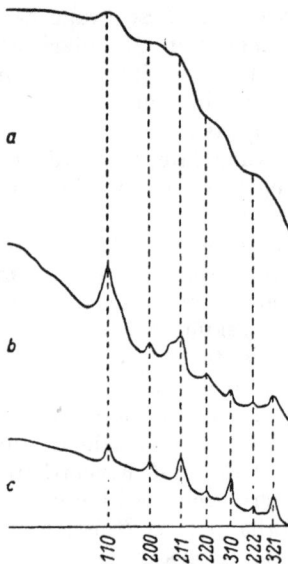

Abb. 22.

Intensitätsverlauf in Beugungsbildern von dünnen Eisenschichten. a) sehr dünne, jedoch schon ferromagnetische Schicht; b) dickere Schicht; c) dieselbe Schicht nach zweistündigem Erwärmen im Vakuum auf etwa 150° C (nach König).

---

[1] Germaniumschichten können nur bis zu einer bestimmten Schichtdicke durch Aufdampfen in einem amorphen Zustand hergestellt werden. Wird diese Grenzschichtdicke überschritten, so beginnt Kristallisation in der Schicht.

Bereiche in der Schicht bei Dickezunahme und Temperaturerhöhung ist aus diesen Kurven qualitativ unmittelbar ersichtlich. Aufgabe ist nun die quantitative Bestimmung der Größe dieser geordneten Bereiche, besonders im Falle der sehr dünnen Schicht (a).

Die Grundlage für diese Bestimmung bilden für König die beiden Tatsachen, daß erstens im Beugungsbild (a) die den Netzebenen (310) und (321) entsprechenden Intensitätsbuckel völlig fehlen, während sie in (b) schon deutlich und scharf vorhanden und in (c) stark ausgebildet sind; ferner, daß im Beugungsbild (a) der (211) Ring zu kleineren Winkeln hin verschoben ist.

Nun können die Beugungsringe, die den Reflexionen an Netzebenen mit einem Index 3, wie es (310) und (321) sind, entsprechen, natürlich erst von dem Augenblick an auftreten, in dem die Kriställchen in der Schicht schon eine mindestens drei Gitterkonstanten große Ausdehnung haben, wie man sofort aus der schematischen Abb. 23 ersieht. Denn bei kleineren Kriställchen ist keine Netzebene mit einem Index 3 vorhanden, kann also auch nicht reflektieren. Bei einer Ausdehnung von drei und vier Gitterkonstanten sind Netzebenen mit einem höchsten Index 3 wohl schon vorhanden, aber ihr Abstand ist noch keineswegs normal; vielmehr ist erst bei Kriställchen mit einer Länge von fünf Gitterkonstanten im zentralen Bereich ein schmaler Bereich mit normalem Netzebenenabstand vorhanden, der bei weiterer Zunahme der Kristallgröße über 6, 9 und 12 Gitterkonstanten immer vorherrschender wird und dann schon fast das ganze Volumen des Kriställchens umfaßt wie die Bilder (B) bis (F) der Abb. 23 zeigen. Für Netzebenen (100) und (110) geben dagegen schon kleinste Kriställchen, wie die Abb. 23 (G) und (H) zeigen, normale Interferenzbedingungen.

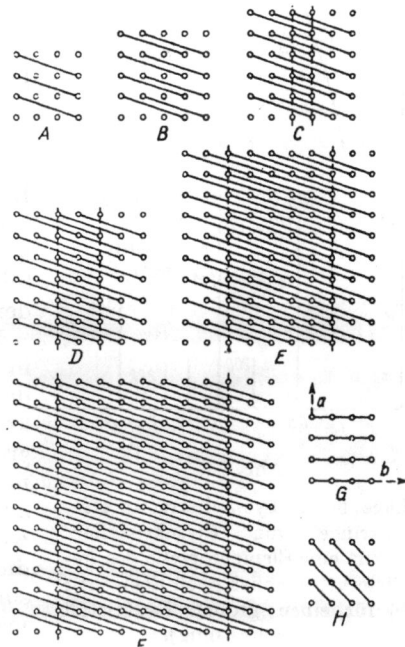

Abb. 23.

Netzebenen (310) in kleinsten Kriställchen von einer Ausdehnung von 3 bis 12 Gitterkonstanten (nach König).

König schließt daher aus dem Fehlen einer merklichen Intensität der den Netzebenen (310) und (321) entsprechenden Beugungsmaxima in der Kurve (a) der Abb. 23, daß in diesem Schichtzustand die Größe der geordneten Nahbereiche eine Ausdehnung kleiner als 3 Gitterkonstanten haben müsse.

Eine weitere Präzisierung dieser Aussage ermöglicht die Deutung des verschobenen Interferenzringes (211). Für ein großes Kristallgitter läßt sich die Lage der Interferenzringe sehr genau etwa mit Hilfe der Laue'schen Interferenzfunktion berechnen. Läßt man den Kristall immer kleiner werden, bis er schließlich über eine Größe von wenigen Elementarzellen zu der einer

4 Mayer, Aktuelle Probleme.

einzigen Elementarzelle des Gitters wird und vermindert man auch die Größe dieser bis zum Einzelatom, so ändert sich von einer bestimmten Größe an die Interferenzfunktion und entsprechend die Lage der Interferenzringe, bis beim Einzelatom im Gas jede Interferenzerscheinung verschwindet. Es ist einfacher die Interferenzfunktion eines so winzigen Kriställchens, das etwa nur eine Elementarzelle groß ist, auf dem umgekehrten Wege zu berechnen, nämlich vom Molekül ausgehend. Solche Interferenzfunktionen wurden von Debye[1] und Ehrenfest[2] angegeben, von Wierl[3] zur Vermessung von Dampf-

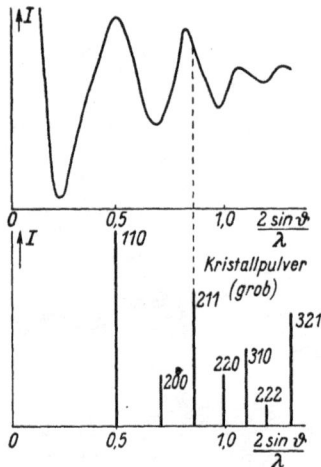

Abb. 24.

Lage der Debye-Scherrer-Interferenzringe von Eisenkristallen.
a) Für eine Elementarzelle des Fe-Gitters (berechnet nach Boersch[4]);
b) für einen großen Fe-Kristall (nach König).

molekülen mittels Elektronenbeugung benützt und schließlich von Boersch[4] für eine Elementarzelle eines raumzentrierten Fe-Gitters berechnet. Abb. 24 zeigt oben das Ergebnis und unten zum Vergleich die Lage der Interferenzringe, wie sie ein großer Fe-Kristall ergibt. Man erkennt aus ihr, daß wohl der erste Interferenzring die gleiche Lage wie der (110) Ring des großen Kristalls hat, daß jedoch der zweite gegenüber dem (211) Ring des großen Kristalls verschoben ist und zwar gerade um den Betrag, den König experimentell beobachtete.

König schließt aus dieser Tatsache, daß in einer solchen bei Zimmertemperatur kondensierten Eisenschicht neben kleinen Eisenkriställchen, die jedoch schon mindestens so groß wie die Weiß-Heisenbergschen Elementarbereiche (64 Elementarzellen) sind, auch sehr viele einzelne Fe-Elementarzellen, wie sie Abb. 25 zeigt, vorhanden sind, in die die ersteren wie in ein Pulver eingebettet sind. Dieses Pulver gibt den nichtferromagnetischen Anteil der dünnen Eisenschichten. Natürlich kann aus dem Elektroneninterferenzbild nicht gesagt werden, ob und in welchem Ausmaße auch einzelne Fe-Atome in der Schicht vorhanden sind; auch nicht, ob Teilchen anderer Größe vorkommen als die Elementarzelle.

Mit der gleichen Methode wurden auch Schichten von Metallen mit weniger ausgesprochen metallischem Charakter, nämlich Germanium- und Siliziumschichten untersucht, die zuerst bei tiefer Temperatur in ungeordnetem Zustand aufgedampft und dann durch Temperaturerhöhung in den kristallinen Zustand übergeführt wurden. Die für den Ausgangs- und die verschiedenen Übergangszustände erhaltenen Beugungsdiagramme deutet König dahin, daß auch in diesen beiden Fällen in den ungeordneten Schichten Zwischenbausteine und zwar Tetraeder (Abb. 25b) vorhanden sein müssen.

[1] Debye, P.; Ann. d. Phys. 46, 809, 1915.
[2] Ehrenfest, P.; Proc. Amsterdam 23, 1132, 1915.
[3] Wierl, R.; Ann. d. Phys. 8, 521, 1931.
[4] Boersch, H.; Z. Phys. 119, 154, 1942.

Die von Glocker und Mitarbeitern durchgeführte Untersuchung führt grundsätzlich zum gleichen Ergebnis. Während jedoch König seine Beobachtung dahin deutet, daß die einzelnen Tetraeder wie ein „Molekülpulver" regellos durcheinander liegen, ziehen Glocker und Mitarbeiter aus ihren Ergebnissen den Schluß, daß die Tetraeder miteinander verkettet sind und zwar in der gleichen Art, wie etwa die SiO_2-Tetraeder im Glas. Darauf weist das Auftreten eines ausgeprägten zweiten Höchstwertes der abgebeugten Intensität hin, aus der das Vorhandensein einer zweiten Koordinationsgruppe und damit die Tatsache folgt, daß die Ordnungsbezirke größer sein müssen als einzelne Tetraeder.

Abb. 25a.   Abb. 25b.

a) Modell zweier Elementarzellen als Zwischenbausteine des Fe-Gitters, in Gitterlage;
b) Modell eines Germaniumtetraeders als Zwischenbaustein (nach König).

Bei einer bei Erhöhung der Schichttemperatur eintretenden Kristallisation liegen also die Bausteine höherer Ordnung schon fertig vor. Der Ordnungsvorgang der Kristallgitterentstehung wird daher zum Teil darin bestehen, daß nicht Einzelatome, sondern ganze Zwischenbausteine oder Atomkomplexe. in die geordneten Lagen des Gitters einschwingen.

III. DAS MOLEKULARE OBERFLÄCHENGEBIRGE ODER DIE OBERFLÄCHENRAUHIGKEIT

Das Wandern von Atomen über die Oberfläche fester Körper, das im Abschnitt I, 1 behandelt wurde, wird bestimmt durch die Größe ihrer thermischen Energie gegenüber der Tiefe der Potentialmulden, in denen sie sich in den Haltepunkten befinden (siehe Abb. 5, Seite 21). Die Tiefe dieser Potentialmulden wieder wird durch die Größe der Kräfte bestimmt, mit denen das auf der Oberfläche sitzende Atom an die Atome der Unterlage gebunden ist. Nun haben wir uns aber an Hand der Kossel-Stranskischen Überlegungen am Kristallmodell der Abb. 1 klar gemacht, daß diese Bindungskräfte in den verschiedenen Lagen a, b, $c \ldots w$ durchaus verschieden sind. Die für den Platzwechsel a—a, a—b, a—w, b—w usw. notwendigen Energien werden also auch verschieden sein.

Durch energetische Betrachtungen, welche den in Abschnitt I, Seite 15 und 21 durchgeführten ganz analog sind, haben Stranski und Suhrmann[1] in Anlehnung an die in den sorgfältigen Untersuchungen von Taylor und Langmuir[2] an dünnsten Cs-Schichten auf W erzielten Ergebnisse die Bindungs- und Platzwechselenergien von Cs-Atomen näherungsweise berechnet, die sich an verschiedenen Stellen a, b, c (Abb. 26) auf einer monoatomaren Cs-Schicht befinden, welch letztere ihrerseits auf einer rauhen (011) W-Oberfläche adsorbiert ist. Bezeichnet man mit Φ_1 die Abtrennungsarbeit von einem erstnächsten Nachbarn, so sind die erhaltenen Werte für die Abtrennungsarbeiten an den Stellen a, b und c gleich

$$\Phi_1 = 3200 \text{ cal}$$

$$\Phi_a \approx 3\,\Phi_1 \approx 9600 \text{ cal} \qquad \Phi_b \approx 4{,}5\,\Phi_1 \approx 14300 \text{ cal} \qquad \Phi_c \approx 5{,}5\,\Phi_1 \approx 16500 \text{ cal}$$

und die verschiedenen Platzwechselenergien

$$\Phi_{aa} \approx \Phi_{bb} \approx \frac{\Phi_1}{2} \approx 1600 \text{ cal}$$

$$\Phi_{cb} \approx \Phi_c - \Phi_a + \Phi_{aa} \approx \frac{3\,\Phi_1}{2} \approx 4800 \text{ cal}$$

$$\Phi_{ba} \approx \Phi_b - \Phi_a + \Phi_{aa} \approx 2\,\Phi_1 \approx 6400 \text{ cal}$$

Da c die Stelle des wiederholbaren Schrittes ist, ist die Bindung dort am stärksten. Wenn nun eine Oberfläche in dem Sinne sehr rauh ist, daß sie von sehr vielen solcher Stufen molekularer Dimension, wie sie in Abb. 26 gezeigt sind, durchzogen ist, was nach den Untersuchungen von Langmuir und Mitarbeitern bei W, das durch langes Glühen gealtert wurde, als nachgewiesen gelten kann[2], dann wird der Oberflächenwanderungsvorgang keines-

[1] Stranski, I. N. und Suhrmann, R.; Ann. d. Phys. (6) 1, 153 und 169, 1947; siehe auch Burgers, W. G., und Ploos v. Amstel, J. A.; Physica 5, 313, 1938; und Schmidt, R. W.; Z. Phys. 120, 69, 1942

[2] Taylor, J. B., und Langmuir, I.; Phys. Rev. 44, 423, 1933

wegs durch die Platzwechsel *a—a*, oder *b—b*, sondern vielmehr durch den Platzwechsel *c—b* bestimmt. Denn die viel höhere Bindungsenergie an der Stelle *c* bewirkt eine viel größere Verweilzeit der dort festgehaltenen Atome; ist eine Oberfläche mit vielen solcher Stellen bedeckt, dann müssen, wenn Oberflächenwanderung experimentell beobachtet wird, die dort adsorbierten Atome zur Wanderung über diese Stellen hinweg durch entsprechende Energiezufuhr veranlaßt werden. Dem entspricht, daß der experimentell von Taylor und Langmuir gemessene Wert von 4600 cal für die Platzwechselenergie von Cs-Atomen auf einer monoatomaren Cs-Schicht auf einer rauhen W-Oberfläche mit dem für den Platzwechsel *c—b* von Stranski und Suhrmann theoretisch angenähert berechneten Wert von 4800 cal in guter Übereinstimmung steht.

Ist somit eine Oberfläche, die makroskopisch glatt erscheint, mit vielen Stufen molekularer Dimensionen bedeckt, so wird die experimentell gemessene Aktivierungsenergie der Oberflächenwanderung sich in Wirklichkeit nicht auf die Wanderung über die freie Oberfläche hin, sondern längs solcher Stufen beziehen und daraus gezogene Schlüsse über Bindungskräfte fehlerhaft sein. Eine einwandfreie Bestimmung der Oberflächenwanderung erfordert also eine bis in die atomaren Dimensionen gehende Kenntnis der Oberflächenstruktur.

Dies ist jedoch nur einer von den vielen Gesichtspunkten, von denen aus diese Kenntnis

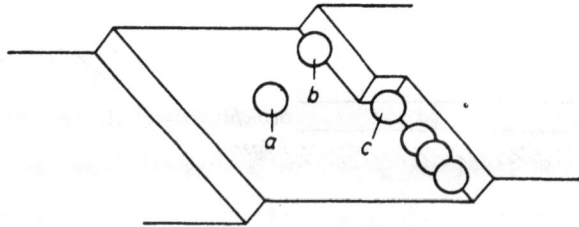

Abb. 26.

Verschiedene Lagen von Atomen auf einer rauhen Kristalloberfläche (nach Stranski und Suhrmann).

wichtig erscheint. Denn es ist selbstverständlich, daß in der gesamten Physik und Chemie der Grenzflächen die Struktur der letzteren eine sehr wichtige Rolle spielt und man wird mit allen Mitteln versuchen müssen, zu einer wenn möglich bis in atomare Dimensionen hineinreichenden und erschöpfenden Kenntnis derselben zu gelangen und hiefür geeignete, experimentelle Methoden zu entwickeln.

Der einfachste Weg wäre natürlich der, mit dem Elektronenmikroskop die Oberfläche unmittelbar bis in atomare Dimensionen hinein sichtbar zu machen. Das praktisch bisher erreichte beste Auflösungsvermögen gestattet dies noch nicht, wie man aus den besten bisher erzielten Bildern ersehen kann. In Abb. 28a—c sind drei solcher Oberflächenrauhigkeitsbilder wiedergegeben. (a) zeigt das Oberflächengebirge auf der Bruchfläche eines Rubinglases und (b) die Furchung der Bruchfläche in der Randzone[1]. (c) zeigt das Oberflächengebirge auf angeätztem Al.

In der Physik dünner Schichten, die ja nur ein Teilgebiet der Grenzflächenphysik ist, ist die Frage nach der Struktur der Grenzfläche in zweierlei

[1] Der Verfasser ist den Herren Prof. Dr. Brüche und Dr. Beyersdorfer (Süddeutsche Laboratorien), für die Überlassung dieser Bilder zu besonderem Danke verpflichtet.

Richtung von besonderer Bedeutung. Erstens verliert auch hier, sowie in der Grenzflächenphysik im allgemeinen, das quantitative Ergebnis der Forschung viel von seinem Wert und seine exakte Deutung wird erschwert, wenn nicht ganz unmöglich gemacht, wenn man es nicht auf ein die Grenzfläche quantitativ erfassendes Bild beziehen kann. Es sei hier als Beispiel die Tatsache genannt, daß die wahre Oberfläche einer rauhen Grenzfläche von der geometrischen, makroskopisch gemessenen, scheinbaren Oberfläche vollkommen verschieden sein kann. Welche Bedeutung die Unkenntnis der wahren Oberfläche haben kann, erhellt am besten aus grundsätzlichen Betrachtungen zum Begriff der Schichtdicke, einer der wichtigsten, eine dünne Schicht charakterisierenden Größen. Sie geht in fast alle theoretischen Beziehungen ein, durch welche die physikalischen Eigenschaften der Schichten als Funktion der charakteristischen Materialgrößen der Schichtsubstanz (Brechungsindex, elektrische Leitfähigkeit, Absorptionskoeffizient, Dichte usw.) beschrieben werden. Eine Prüfung oder Anwendung dieser Gesetze ist also ohne genaue Kenntnis der Schichtdicke nicht möglich.

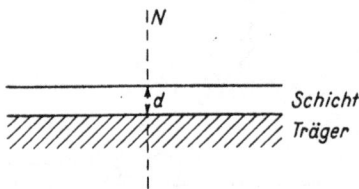
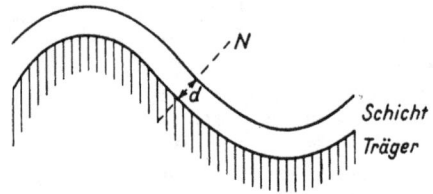

Abb. 27a.   Abb. 27b.

Zum Begriff der Schichtdicke.

Spricht man von Dicke einer Schicht, so wird dabei im allgemeinen stillschweigend vorausgesetzt, daß die Schichtsubstanz von zwei planparallelen Ebenen (Abb. 27a) oder zumindest von zwei parallelen Flächen (Abb. 27b) begrenzt ist. Als Schichtdicke d wird der Abstand der Schnittpunkte der beiden Schichtgrenzflächen I und II mit der Schichtnormale N bezeichnet. Ziehen wir dünnste Schichten mit einer Dicke von molekularen Dimensionen mit in den Kreis unserer Betrachtungen, dann muß die Ebenheit der Grenzflächen ebenfalls bis in molekulare Dimensionen vorhanden sein, wenn dieser Begriff der Schichtdicke noch sinnvoll sein soll. Vielfältige qualitativ experimentelle Erfahrung aber zeigt, daß selbst als sehr glatt bezeichnete Oberflächen, etwa hochpolierte oder frische gute Spaltflächen von Kristallen, eine gewisse Rauhigkeit haben, deren Ausmaß je nach Vorgeschichte und Vorbehandlung sehr verschieden sein kann; statt einer Ebene liegen molekulare Hügel, Stufen oder sogar ein richtiges Gebirge vor. Beispiele hiefür bringen die Abb. 28a—c und 34, von denen die ersten mit dem Elektronenmikroskop erhalten wurden; die zweite zeigt eine natürliche, nicht polierte Oberfläche eines Diamanten; dies Bild wurde mit der weiter unten noch näher beschriebenen Methode von Tolansky erhalten. In beiden Fällen ist das Oberflächengebirge plastisch zu erkennen. Aus der schematischen Skizze in Abb. 29 ist dann zu ersehen, daß nur von einer mittleren Schichtdicke gesprochen werden kann, von der jedoch die wirkliche Dicke von Punkt

Abb. 28a.

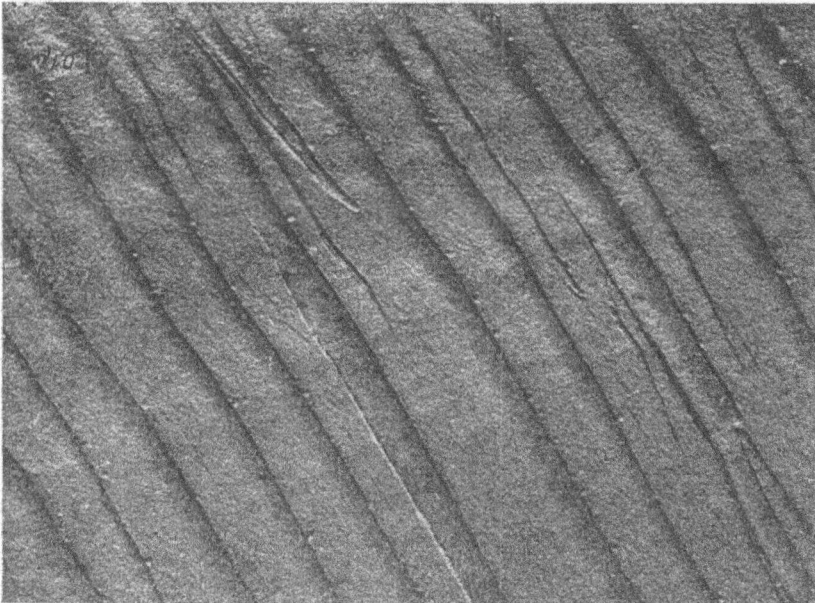

Abb. 28b.

Abb. 28 c.

Rauhigkeitsgebirge auf einer durch Schlag erzeugten Bruchfläche eines Rubinglases (a) und Feinstruktur in der strahlig gebrochenen Randzone (b). Gesamtvergrößerung 15000 und 30000 (nach Beyersdorfer), (c) auf einer angeätzten Al-
Oberfläche (nach Jakob und Mahl)[1]; Gesamtvergrößerung 9000.

zu Punkt verschieden ist. Diese Verschiedenheit wird um so größer sein,
je größer die Grenzflächenrauhigkeit ist und schon daraus erhellt die Bedeutung derselben für diese wichtige Größe, wenn sie quantitativ erfaßt
werden soll.

Noch deutlicher tritt dies hervor, wenn es sich um dünnste, etwa monomolekulare Schichten handelt. Man denke sich etwa den in Abb. 30 dargestellten Fall, wo eine nur Rauhigkeiten von molekularen Ausmaßen zeigende
Trägeroberfläche T eine monomolekulare oder nur wenige Moleküle dicke
Schicht trägt. Man versucht die Schichtdicke dadurch zu bestimmen, daß
man mit einer geeigneten Methode die Zahl der aufgebrachten Schichtatome
abzählt und unter der Voraussetzung lückenlosen Aneinanderliegens wie in
der massiven Schichtsubstanz normaler Dichte diese Zahl auf die geometrisch
gemessene, also scheinbare anstatt auf die wahre Oberfläche bezieht.
Da die letztere viel größer sein kann als die erstere, erhält man einen völlig

---

[1] Röntgenblätter 1, 73, 1948

falschen Wert, der bei starker Aufrauhung um ein vielfaches größer sein kann. Die Notwendigkeit einer bis in molekulare Dimensionen reichenden Kenntnis der wahren Oberfläche und damit der Oberflächenrauhigkeit ist aus diesem Beispiel evident.

Aber noch in einer zweiten Hinsicht ist die dünne Schicht mit der Frage der Oberflächenrauhigkeit eng verknüpft. Es bedienen sich nämlich eine Reihe von experimentellen Methoden ihrer als Hilfsmittel, um die Oberflächenrauhigkeit quantitativ zu erfassen und es sind gerade diese Methoden, mit denen beim gegenwärtigen Stande der Forschung die größte Genauigkeit erzielt werden kann.

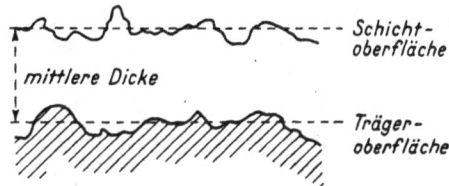

Leider handelt es sich hier um ein Forschungsgebiet, dessen bisherige quantitative Ergebnisse zahlenmäßig gering und sehr unbefriedigend sind. Dies ist teils darauf

Abb. 29.

Zum Begriff der mittleren Schichtdicke bei rauhen Grenzflächen.

zurückzuführen, daß es sich um Methoden[1] handelt, die erst im Anfangszustand ihrer Entwicklung sind, wie etwa die Methode der unmittelbaren Sichtbarmachung der Oberfläche mit dem Elektronenmikroskop, teils handelt es sich um Methoden, für deren erfolgreiche Anwendung die Erfüllung einer ganzen Reihe von Voraussetzungen unerläßlich ist. Eine genaue, auf systematischen experimentellen Untersuchungen fußende Antwort darauf, inwieweit im Einzelfalle diese Voraussetzungen erfüllt sind, steht in den meisten Fällen aber noch aus, das quantitative Ergebnis ist daher mit einem großen Unsicherheitskoeffizienten behaftet. Hier liegen demnach eine Fülle noch ungelöster, aber beim heutigen Stande der Grenzflächenforschung als sehr dringend zu bezeichnender Probleme. Die Verknüpfung dieser Probleme mit der Physik dünner Schichten aufzuzeigen und auf einige von ihnen hinzuweisen, ist der Zweck dieses Abschnittes.

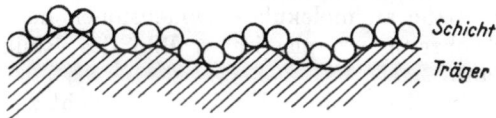

Abb. 30.

Zum Begriff der Dicke monomolekularer Schichten auf rauhem Träger.

[1] Selbstverständlich spielt auch in der Technik die Oberflächenrauhigkeit eine bedeutende Rolle, z. B. bei der Beurteilung der Beschaffenheit der Oberfläche von Werkstücken. Es sind daher in der Technik eine Reihe von Methoden entwickelt worden, um die Oberflächenrauhigkeit zu bestimmen und mit geeigneten Maßzahlen quantitativ zu beschreiben. Jedoch reichen die Höhendifferenzen in einem Oberflächengebirge, das in der Technik mit der Bezeichnung „rauh" im Gegensatz zu „glatt" bezeichnet wird, bis an 1 mm heran, während nach unten hin mit diesen Methoden Höhendifferenzen unter 1 μ im allgemeinen nicht erfaßt werden können (siehe G. Schmaltz, Techn. Obfl. Kunde, Berlin 1936). Die hier betrachtete Oberflächenrauhigkeit ist demgegenüber von molekularen Dimensionen, liegt also durchwegs in submikroskopischen Bereichen und erfordert daher andere Methoden zur Kennzeichnung und Messung. Auch das Lichtmikroskop ist zu ihrer Untersuchung ungeeignet, da sein Auflösungsvermögen nur wenig unter 1 μ liegt.

I. Das Interferenzlinienverfahren

Ein in der Technik viel verwendetes Verfahren, das die Grundlage der für technische Rauhigkeitsmessungen verwendeten Interferenzkomparatoren ist, bedient sich der ältesten Erscheinung, die an dünnen Schichten beobachtet wurde und mit deren Studium die Physik dünner Schichten begann ($\sim$ 1670). Es ist die Interferenzerscheinung an dünnen Blättchen, die als Newtonsche Farben dünner Blättchen in die Geschichte der Physik eingegangen sind.

Schon Newton hat die Interferenzfarben dünner Schichten als Hilfsmittel zur Bestimmung ihrer Dicke verwendet und den quantitativen Zusammenhang zwischen Farbe und Schichtdicke in seiner bekannten Farbtafel niedergelegt. Da diese Interferenzerscheinung durch das Vielfache einer halben Wellenlänge bestimmt wird, ermöglicht sie in ihrer einfachsten Form nur die Messung größenordnungsmäßig entsprechender Dicken oder Höhenunterschiede. Auf dem gleichen Prinzip beruhende abgeänderte Methoden, wie die alte von Wiener[1] geänderte Methode von Wernicke[2], oder die an anderer Stelle näher beschriebene hübsche, neuere Modifikation von Blodgett-Langmuir[3] für Zwecke der Messung an sogenannten Aufbauschichten[4] gaben lange schon die Möglichkeit, selbst die Dicke einmolekularer Schichten zu messen. Für Oberflächenuntersuchungen wurde die auf dem gleichen Prinzip beruhende und an anderer Stelle erwähnte, auf Perrin zurückgehende Methode von Renée Marcelin[5] entwickelt, die in den Arbeiten seines Bruders André Marcelin[6] und von Korwarski[7] Ergebnisse brachte, die zeigen, daß auch mit der geeignet modifizierten Interferenzfarbenmethode dünner Schichten bis in molekulare Dimensionen vorgedrungen werden kann[8].

Einen wichtigen neuerdings erzielten Fortschritt verdanken wir Tolansky[9], der in einer Reihe von Arbeiten diese Interferenzfarben-, Interferenzstreifen- und zum ersten Mal auch Interferenzintensitätsmethode dünner Schichten so weiterentwickeln konnte, daß mit ihnen nicht nur Oberflächenrauhigkeiten bis nahe an molekulare Dimensionen heran erfaßt werden können, sondern gleichzeitig ein plastisches Bild des Rauhigkeitsgebirges gewonnen werden kann.

Um diese neueste Entwicklung leicht zu verstehen, sei kurz auf die Grundlagen des Verfahrens eingegangen. Es seien in Abb. 31a und b *Pl* zwei Glasplatten mit so weit plangemachten Innenflächen, als es heute technisch

[1] Wiener, O.; Wied. Ann. 31, 629, 1887.

[2] Wernicke, W.; Pogg. Ann. Erg.-Bd. 8, 65, 1878.

[3] Blodgett, K. B.; J. Am. Chem. Soc. 56, 494, 1934; 57, 1007, 1935. — Blodgett, K. B. und Langmuir, I.; Phys. Rev. 51, 964, 1937. — Langmuir, I.; Proc. Roy. Soc. 170, 1, 1939. — Langmuir, I. und Blodgett, K. B.; Kollois ZS 73, 257, 1935.

[4] Als Aufbauschichten werden jene bezeichnet, die man durch Übertragen monomolekularer Schichten, wie sie sich durch Ausbreitung kleinster Mengen gewisser hochmolekularer wasserunlöslicher Substanzen auf Wasseroberflächen bilden, auf feste Träger erhält. Siehe Abschn. IX.

[5] Marcelin, R.; l. c. S. 19.

[6] Marcelin, A.; l. c. S. 20.

[7] Kowarski, L.; l. c. S. 19.

[8] Eingehende Gesamtübersicht über diese Methoden bei H. Mayer, Ph. d. Sch., Bd.I.

[9] Tolansky, S.; Nature 152, 722, 1943; 153, 195 und 314, 1944; Proc. Roy. Soc. London A 184, 41 und 51, 1945; 186, 261, 1945; 191, 182, 1947; Phil. Mag. 37, 390 und 453, 1946.

möglich ist[1]. Die Platten seien so übereinander befestigt, daß sie eine äußerst
dünne, entweder planparallele (a), oder keilförmige (b) Schicht S begrenzen.
Einfallendes und so weit als möglich parallel gemachtes Licht gibt dann
wegen der Reflexionen an der oberen und unteren Grenzfläche von S die
bekannte Interferenzerscheinung dünner Blättchen im reflektierten oder

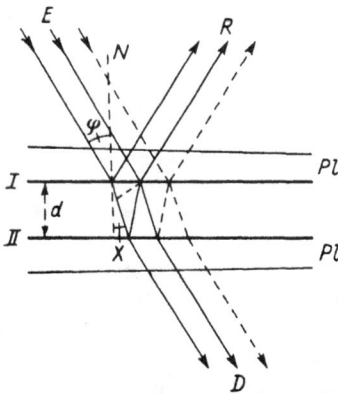

Abb. 31 a.

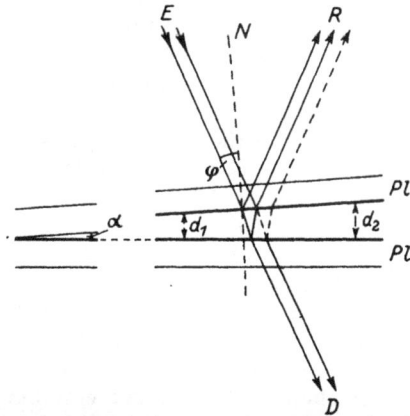

Abb. 31 b.

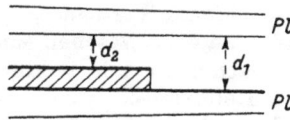

Abb. 31 c.

Zur Interferenzfarben-, Interferenzstreifen- und Interferenzintensitätsmethode.

durchgehenden Licht. Wird mit weißem Licht beleuchtet, so erscheint die
dünne planparallele Schicht (a) gleichmäßig farbig, weil durch Interferenz
jene Wellenlänge ausgelöscht wird, für welche die Dicke d der Schicht bei
senkrechtem Lichteinfall die Interferenzbedingung $2\,nd = m\lambda + \delta_1 + \delta_2$ erfüllt, wenn wir mit m eine ganze Zahl bezeichnen, die die Ordnung der Interferenz gibt und mit δ_1 und δ_2 die Phasenänderungen, die das Licht an den
beiden Grenzflächen bei der Reflexion erleidet. Ist auf der unteren Platte Pl
eine Stufe (Abb. 31 c), dann findet an ihr ein Dickesprung der Schicht S statt,
demgemäß der Interferenzbedingung ein Farbsprung entsprechen wird. Es
ist dieser Farbsprung, der in den in Abschnitt I erwähnten Versuchen von
Marcelin auftritt und in so eindringlicher Weise die Geradlinigkeit einer
solchen Stufe als Ende einer oder mehrerer Kristallnetzebenen aufzeigt.

---

[1] Nach Tolansky (l. c.) sind von Hilger speziell hergestellte Platten innerhalb einer
Fläche von 1 qcm bis auf 120 Å, innerhalb 1 qmm bis auf 20 Å, wahrscheinlich sogar bis
auf 10 Å eben.

Wird mit monochromatischem Licht beleuchtet, dessen Wellenlänge ungefähr der Interferenzbedingung genügt, dann findet an der Stufe ein Intensitätssprung im reflektierten oder durchgehenden Licht statt und die Erhöhung wird auf diese Weise ebenfalls deutlich sichtbar. Allerdings kann eine Vertiefung eine gleiche Intensitätsänderung hervorrufen. Aus dieser allein kann also nicht erkannt werden, ob es sich um eine Erhöhung oder um eine Vertiefung in der Oberfläche handelt. Die Abb. 34 b zeigt ein mit dieser Methode von Tolansky bei Anwendung der gleich zu besprechenden Verbesserung gewonnenes Oberflächenbild einer Diamantkristalloberfläche, aus der man das Oberflächengebirge unmittelbar erkennen kann. Nur muß man sich hüten, daraus mit Bestimmtheit sagen zu wollen, welches Berge und welches Täler sind.

Welches ist nun die auch für dieses Bild entscheidende Verbesserung, die das Interferenzverfahren von Tolansky gegenüber den gebräuchlichen technischen Verfahren aufweist?

Diese Frage läßt sich leichter beantworten, wenn man nun noch die Interferenzerscheinung an der dünnen Keilschicht (Abb. 31 b) kurz betrachtet. Die bei dieser stetig und gleichmäßig variierende Dicke hat zur Folge, daß die Interferenzbedingung für eine bestimmte Wellenlänge bei ganz bestimmten Keildicken d erfüllt ist; an diesen Stellen, die bei ebener Keilschicht als parallele geradlinige Streifen, beim sphärischen Keil als konzentrische Ringstreifen erscheinen, treten bei einfallendem weißen Licht Streifen in einer Farbe auf, die zu der durch Interferenz ausgelöschten komplementär ist: Es sind die Interferenzstreifen gleicher Dicke. Ist das einfallende Licht monochromatisch, so treten auf hellem Grund dunkle Streifen auf.

Man erzielt nun eine entscheidende Verbesserung in diesem Interferenzbild, dessen Streifen relativ breit und verwaschen sind, wenn man die beiden inneren Grenzflächen der Platten *Pl* mit teildurchlässigen Metallschichten bedeckt und dadurch ihren Reflexionskoeffizienten, der bei gebräuchlichem Glas nur etwa 0,2 beträgt, bis nahe an 1 erhöht. Dann interferieren nicht nur zwei Strahlenbündel, nämlich das von der oberen und das von der unteren Grenzfläche reflektierte, weil die Intensität der zweimal reflektierten wegen des kleineren Reflexionskoeffizienten von Glasflächen nur mehr sehr gering ist; vielmehr erleiden jetzt die Strahlenbündel wegen des stark erhöhten Reflexionskoeffizienten der beiden Grenzflächen zwischen diesen vielfache Reflexionen mit hoher Intensität, und demzufolge interferieren jetzt auch sehr viele solcher Strahlenbündel beim Wiederaustritt. Die Wirkung ist die gleiche, die man erhält, wenn man ein aus zwei Spalten bestehendes Gitter durch ein solches von Hunderten von Spalten ersetzt. Erstens werden die Interferenzstreifen dünn und scharf, weil jetzt der Intensitätsanstieg beiderseits eines Minimums sehr steil erfolgt, um so steiler, je höher der Reflexionskoeffizient der Grenzflächen, bzw. die durch diesen bedingte Zahl der vielfachen Reflexionen mit relativ hoher Intensität ist; zweitens wird der Kontrast zwischen Höchst- und Tiefstwerten im Interferenzstreifenbild erhöht.

Das ist die hauptsächlichste der von Tolansky eingeführten Verbesserungen die im Perot-Fabry-Interferometer ihr Vorbild hat und in dem in neuerer Zeit entwickelten Dünne-Schicht-Interferenzfilter[1] eine bedeutende praktisch-technische Anwendung gefunden hat. Die für letztere entwickelte Theorie

---

[1] Geffcken, W.; D. R. P. 716154 (1942).

kann hier fast unverändert zur Beurteilung herangezogen werden. Sie gibt vor allem für den Intensitätsverlauf des durch die Anordnung durchgegangenen Lichtes I_d die Formel

$$I_d = \frac{_{met}I_d{}^2}{1 + _{met}I_r{}^2 - 2\,_{met}I_r \left(\cos \dfrac{4\pi}{\lambda}\, n_s d - 2\,\delta\right)} \tag{15}$$

die der graphischen Darstellung in Abb. 32 zugrunde liegt. $_{met}I_d$ ist darin die Durchlässigkeit der aufgebrachten dünnen Metallschichten, $_{met}I_r$ deren

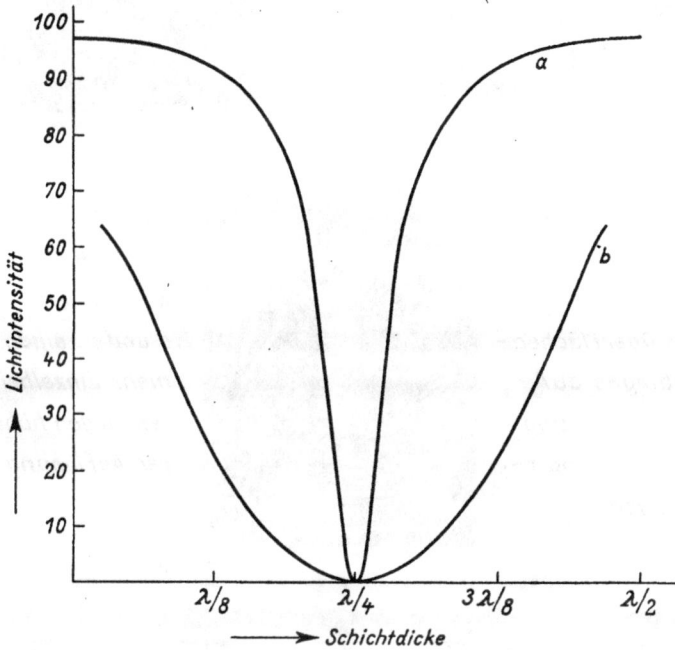

Abb. 32.

Intensitätsverlauf des durch eine dünne Schicht durchgegangenen Lichtes. a) Bei kleinem Reflexionskoeffizienten der Grenzflächen; b) bei einem durch Metallisieren der Grenzflächen bis nahe 1 erhöhten Reflexionskoeffizienten.

Reflexionsvermögen; n_s ist der Brechungsindex der Schicht zwischen den Platten, hier gleich 1, weil es eine Luftschicht ist; d ist deren Dicke, δ die Phasenänderung, die das Licht bei der Reflexion an den Metallschichten erfährt.

Man ersieht aus den Abb. 33a u. b, daß mit diesem Verfahren jetzt sehr dünne Interferenzlinien erhalten werden; sie gleichen den Schichtenlinien bei einer kartographischen Darstellung von Gebirgen und kennzeichnen durch ihre Abstände bestimmte Höhenunterschiede. Wählt man nun als untere Grenzfläche eine solche, die eine gewisse Oberflächenrauhigkeit hat, während die obere nach wie vor die so weit als möglich eben geschliffene Glasplatte ist, so sind die beobachteten Interferenzlinien die Höhenlinien des Oberflächengebirges auf der unteren Grenzfläche. Je dünner diese Linien sind und je

a

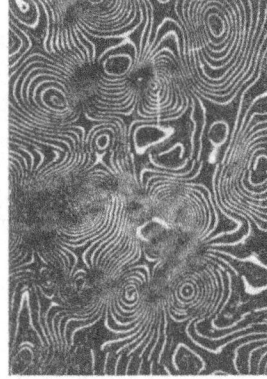

b

Interferenzlinien
als Höhenlinien
des Oberflächen-
gebirges auf
Glimmer - und
Selenit - Spalt-
flächen.

c

a - c Glimmer
d - e Selenit
c und e zeigen
mehr Einzelhei-
ten wegen höhe-
rer Auflösung.

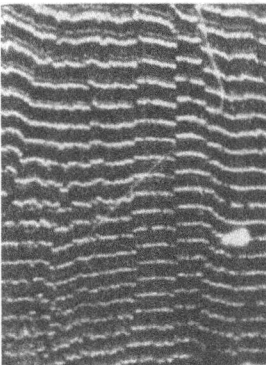

d

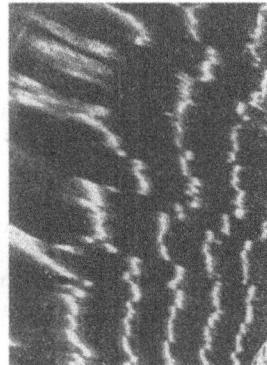

e

Abb. 33.

(a—c) Höhenlinienbilder einer Glimmerspaltfläche (nach Tolansky),.
(d—e) Höhenlinienbilder einer Selenitspaltfläche (nach Tolansky)..

kontrastreicher das Linienbild, um so genauer kann ihr Abstand oder ihre relative Verschiebung, die einer Höhenänderung im Oberflächengebirge entspricht, bestimmt werden.

Welch hohe Schärfe Tolansky in einer seiner letzten Untersuchungen erreicht hat, ersieht man aus Abb. 34a. Die Linienbreite wird natürlich noch durch die Wellenlängenbreite der verwendeten monochromatischen Strahlung mitbestimmt, es sind also Spektrallinien zu wählen, deren normale Halbwertsbreite möglichst gering ist. Ferner muß das einfallende Licht so weit als möglich parallel sein; denn mit dem Einfallswinkel ändert sich bei gleichbleibender Dicke der Abstand und die Lage der Streifen und dies führt, wenn gleichzeitig Strahlen etwas verschiedenen Einfallswinkels im Strahlenbündel vorhanden sind, zu einer unerwünschten Verbreiterung und Verwaschung der Streifen selbst. Eine letzte sehr wichtige Bedingung ist, daß der Abstand der beiden die Interferenz gebenden Grenzflächen so klein als möglich ist, also nur wenige Wellenlängen beträgt.

Die optimalen Bedingungen sind nun an gewisse Voraussetzungen geknüpft, die die Metallschichten, die zur Erhöhung des Reflexionsvermögens auf die Grenzflächen aufgedampft werden, in bezug auf Brechungsindex und Absorptionskoeffizient erfüllen müssen[1]. Da diese bei dünnen Metallschichten sehr starken Änderungen mit der Dicke unterliegen, gibt es eine ganz bestimmte Dicke einer Metallschicht, die für das Optimum notwendig ist. Die im Maximum und Minimum der Interferenz durchgegangene Intensität, deren relative Werte den Kontrast der Linien bestimmen, sind leicht aus Formel (15) zu berechnen, da für die Extremwerte von I_d der Wert von

$$\cos\left(\frac{4\pi n_s}{\lambda}d - 2\delta\right) = \pm 1$$ sein muß. Diese Extremwerte sind also durch die

Formeln gegeben

$$I_d{}^{max} = \frac{{}_{met}I^2{}_d}{(1 - {}_{met}I_r)^2} \qquad I_d{}^{min} = \frac{{}_{met}I_d{}^2}{(1 + {}_{met}I_r)^2} \tag{16}$$

Aus diesen ersieht man sofort, daß man neben höchster Schärfe der Linien höchsten Kontrast erhalten könnte, wenn man das Reflexionsvermögen der Metallschicht I_r möglichst nahe gleich 1 machen könnte. Die Lichtdurchlässigkeit im Maximum wird nämlich gleich 1 für $1 - I_r = I_d$ oder $I_r + I_d = 1$. Diese Bedingung ist aber unerfüllbar, weil jede Metallschicht immer einen Teil des einfallenden Lichtes absorbiert, besonders wenn sie für hohes I_r etwas dicker gemacht werden muß. Es gilt also immer $I_r + I_d + I_a = 1$, wobei der absorbierte Anteil I_a um so höher ist, je dicker zwecks möglichst hohem I_r die Metallschicht gemacht werden mußte. Es ist also eine Durchlässigkeit 1 im Maximum[2] nicht zu erreichen. Verwendet man, wie Tolansky es tat, Silber für den Belag der beiden Grenzflächen, so ist bei einer Schichtdicke von 300 Å die Durchlässigkeit ${}_{met}I_d = 0,12$ und das Reflexionsvermögen ${}_{met}I_r = 0,83$ die maximale Durchlässigkeit der Anordnung 0,5, die minimale 0,003, also

---

[1] Diese Bedingungen sind in der Theorie der Dünne-Schicht-Interferenzfilter mit Metallbelag herausgearbeitet; siehe unter anderem die Arbeit von Hadley, L. N. und Dennison, D. M.; J. Opt. Soc. Am. 37, 451, 1947 und Geffcken, l. c.; zusammenfassende Darstellung mit gesamtem Schrifttum bei H. Mayer, Ph. d. Sch., Bd. I (Optik).

[2] oder entsprechend im reflektierten Licht ein Reflexionsvermögen Null.

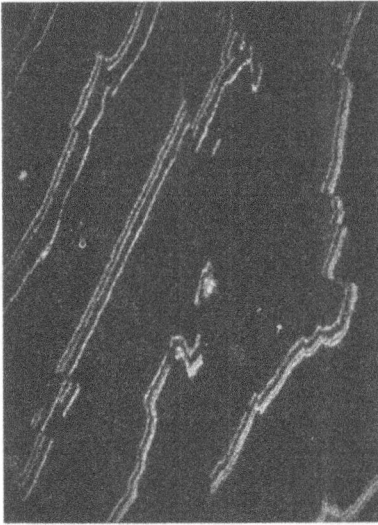

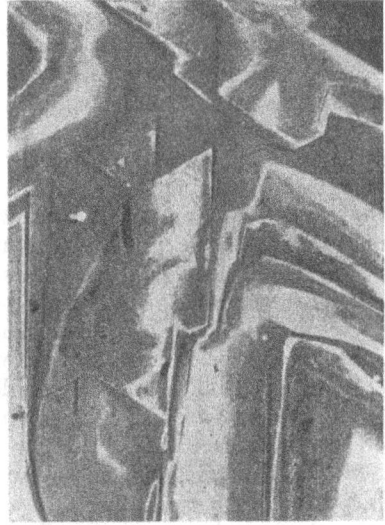

a b

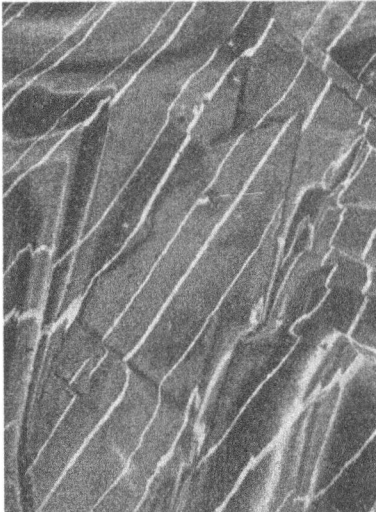

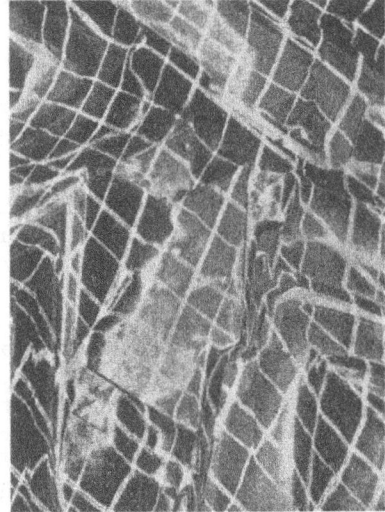

c d

Abb. 34.

Oberflächenbilder einer Diamantkristalloberfläche. a) Keilinterferenzlinienbild hoher
Schärfe und hohen Auflösungsvermögens; b) Interferenzintensitätsbild; c) diesem Bild
ein Keilinterferenzlinienbild genau überlagert; d) diesem Bild ein weiteres, zum ersten
senkrechtes Keilinterferenzlinienbild genau überlagert (nach Tolansky).

nur etwas mehr als ein halbes Prozent der ersteren, der Kontrast zwischen den dunklen Streifen und dem hellen Untergrund also sehr groß.

Die Abb. 34, c, d zeigen solche mit Keilschicht erhaltene Interferenz-linienbilder von der gleichen Diamantkristalloberfläche, von der 34 b das mit Parallelschicht erhaltene Bild des Oberflächenreliefs das Interferenzintensi-tätsbild gibt. Man erkennt sofort, daß die Interferenzlinien eine Entscheidung ermöglichen, wo es sich in diesem Oberflächenrelief um Erhöhungen oder um Vertiefungen handelt. Laufen Erhöhungen, Vertiefungen oder Stufen mit der Kante des Keiles, also mit den Interferenzstreifen parallel, so können sie in diesem Linienbild nicht in Erscheinung treten. Um auch sie zu erfassen, wird zur Erzielung eines zweiten Bildes die obere Glasplatte über die zu unter-suchende Oberfläche so gelegt, daß die Keilkante in dieser neuen Lage senk-recht zur Keilkante in der früheren Lage ist; die Interferenzlinien im neuen Bild verlaufen dann senkrecht zu denen im ersten Bild. Auch dieses Linien-bild wird den anderen beiden genau überlagert und das jetzt erhaltene Ge-samtbild erfaßt in jeder Richtung verlaufende Stufen, Erhöhungen oder Vertiefungen und wird sehr plastisch und eindrucksvoll.

Tolansky ergänzt nun das Interferenzbild der sich kreuzenden Linien gleicher Dicke und das Intensitätsbild noch durch ein Interferenzbild der Linien gleicher chromatischer Ordnung, die von ihm zum ersten Mal beschrie-ben werden und ein weiteres Eindringen in Einzelheiten der Oberflächenstruk-tur ermöglichen; doch sei hier ohne näheres Eingehen nur darauf hingewiesen.

Die erreichte untere Grenze des Auflösungsvermögens wird beim Inter-ferenzbild der Linien gleicher Dicke mit 30—40 Å angegeben, beim Inten-sitätsbild sollen 2,5 Å erreichbar sein, wenn die Schichtdicke so gewählt ist, daß man im Bereiche des ganz steilen Intensitätsabfalles (siehe Abb. 31) arbeitet und Intensitätsunterschiede von 10% noch erfaßbar sind. Mit dieser Methode hat Tolansky die Oberfläche von sehr dünnen Glimmerspaltblättchen untersucht, deren Oberflächenrauhigkeit lange vor ihm Marcelin mit seiner Interferenzmethode anderer Art auch schon bis nahe an molekulare Dimen-sionen heran erforscht hatte. Die Abb. 35a und b zeigen schematische Bilder von Schnitten durch das beobachtete Oberflächengebirge an charakteristi-schen Stellen einer Glimmer- und einer Selenitspaltfläche. Es sind ausge-sprochene Stufen und Tolansky findet, daß deren Höhe durchwegs genau ein ganzes Vielfaches von 20 Å, der Molekülhöhe im Falle der Glimmerspalt-fläche, und 15 Å im Falle der Selenitspaltfläche ist. Marcelin hatte 7 Å als Höhe einer einfachen Stufe auf einer Glimmerspaltfläche gemessen. Auf diese Weise ist mit einer lichtoptischen Methode die Messung von Gitterkon-stanten oder Molekülgrößen möglich.

Auch weitere Einzelheiten bezüglich der Flächen zwischen den einzelnen Stufen, welch erstere bei Glimmer alle parallel und wahrscheinlich bis auf eine Molekülhöhe eben sind, während sie bei Selenit gegeneinander etwas geneigt sind, wie es Abb. 35b zeigt, können aus den erhaltenen Oberflächen-bildern abgelesen werden. Es würde jedoch den Rahmen dieser Darstellung weit überschreiten, auf diese Einzelheiten einzugehen.

Natürlich bringen auch diese weiterentwickelten Interferenzlinienmethoden nur eine Erhöhung des Auflösungsvermögens in der einen Dimension des Oberflächengebirges, nämlich der Höhe. Dagegen findet in den beiden anderen

Dimensionen keine Änderung statt, bei Beobachtung der Interferenzlinien-
systeme mit dem Mikroskop wird dessen Auflösungsgrenze von 1 μ in den
beiden zur Oberfläche parallelen Dimensionen nicht unterschritten. Unterscheidet sich das Auflösungsvermögen in Richtung Höhe von den beiden in
der Oberflächenebene um einen Faktor 100, so sind die mit der Interferenzmethode erhaltenen Oberflächenrauhigkeitsbilder in demselben Sinne und

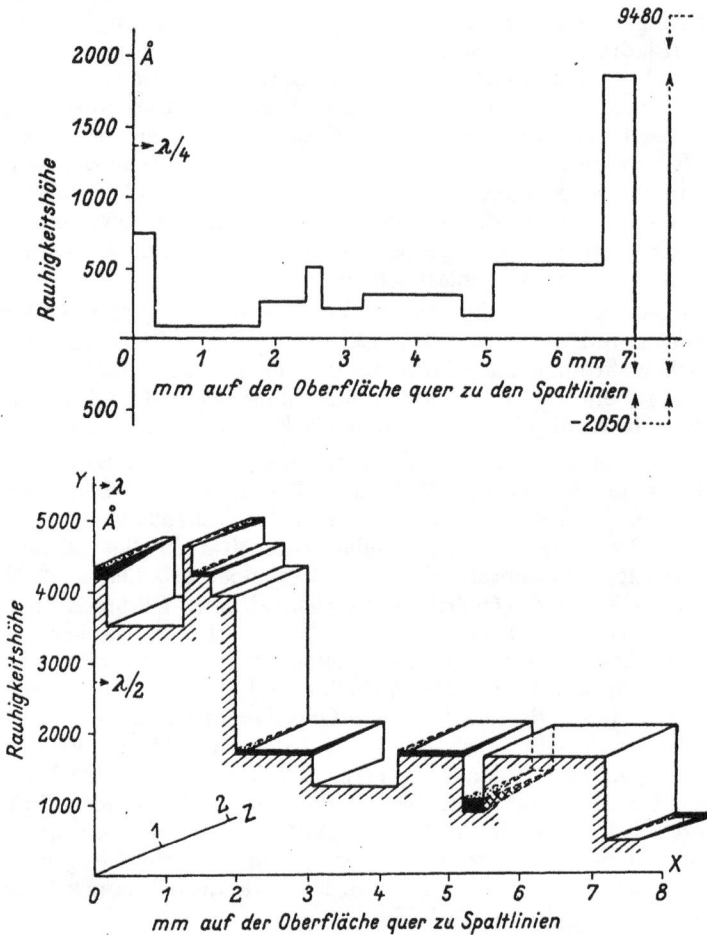

Abb. 35.

(a) Schnitt durch das Oberflächengebirge auf einer Glimmerspaltfläche (nach Tolansky).
(b) Schnitt durch das Oberflächengebirge auf einer Selenitspaltfläche (nach Tolansky).

im gleichen Ausmaß verzerrt. Findet also, um dies zu verdeutlichen (Abb. 36),
ein Dickesprung $h = 100$ Å (~ 25 Atomlagen Ag) innerhalb 1 Å Länge plötzlich (a), oder innerhalb 100 Å Länge (b) über 10 Stufen von etwa je 10 Å all-
mählich statt, so ist aus dem Interferenzlinienbild wohl $h = h_1 - h_2$ abzu-

lesen, nicht aber die Art des Höhenanstieges, der eventuell nicht plötzlich, sondern über kleinere Stufen erfolgt, deren Länge oder Breite weit unter der Auflösungsgrenze des Mikroskopes liegt. Damit aber sind die Grenzen aufgezeigt, die diesem Interferenzlinienverfahren beim Vordringen in molekulare Dimensionen dadurch gesetzt sind, daß es mit den von Tolansky und anderen eingeführten Verbesserungen wohl in der Höhe, nicht aber in der Breite aufzulösen vermag.

Erstaunlich ist, daß die gegenüber vielen der gemessenen vertikalen Dimensionen des Oberflächengebirges dicke Metallschicht (300—500 Å) die

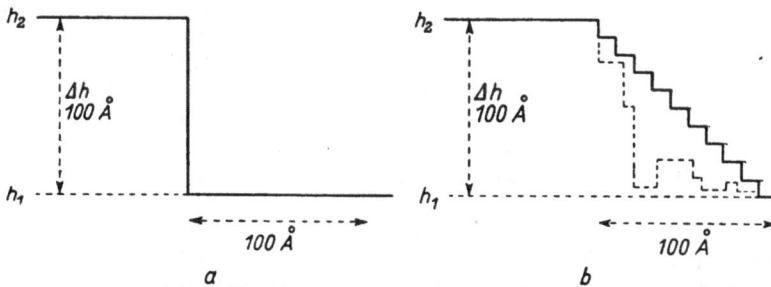

Abb. 36.

a) Plötzlicher Höhensprung.   b) Gleicher Höhensprung über Stufen.
Das Interferenzlinienbild zeigt in beiden Fällen den gleichen Höhensprung $h = h_1 - h_2 = 100$ Å, sagt aber nichts über die Art des Anstieges aus, wenn er innerhalb einer Länge erfolgt, die unterhalb der Auflösungsgrenze des Beobachtungsmikroskopes liegt.

Oberflächenrauhigkeit gar nicht verwischt. Dies gilt um so mehr, als von Silberatomen aus vielfältigen anderen, gelegentlich von Untersuchungen an dünnen Schichten gemachten Erfahrungen bekannt ist, daß sie bei Zimmertemperatur noch eine merkliche Oberflächenbeweglichkeit haben, von der man erwarten sollte, daß sie zu einem Ausfüllen der Täler und Stufen in einem Oberflächengebirge führen könnte. Es ist dies einer der Punkte, der bei weiterer Verwendung und Ausgestaltung der Methode von Tolansky einer besonderen Aufmerksamkeit bedarf.

2. Adsorptionsmethoden

In der Interferenzlinienmethode spielt die dünne Schicht nur eine mittelbare Rolle. In einer zweiten Gruppe durch ein gemeinsames Kennzeichen verbundener Methoden ist sie dagegen unmittelbar das Hilfsmittel, mit dem die Oberflächenrauhigkeit quantitativ erfaßt werden soll. Das gemeinsame Kennzeichen dieser Methoden ist, daß eine sehr dünne Schicht — im Grenzfall monomolekular — wie ein dünnes Tuch gemessener Größe G_1 so über die Oberfläche gebreitet wird, daß es sich an alle Unebenheiten derselben anzupassen vermag, etwa wie ein dünnes nasses Tuch auf dem menschlichen Körper. Man bestimmt, wieviel geometrischer, makroskopisch gemessener Oberfläche G_2 dies Tuch jetzt bedeckt. Das Verhältnis G_1/G_2 gibt das für

Zwecke der Forschung an dünnen Schichten als Maßzahl für die Oberflächenrauhigkeit so wichtige Verhältnis der wahren zur scheinbaren Oberfläche,
sagt aber im Gegensatz zum ersten Verfahren der Interferenzlinien wenig oder
nichts aus über die Rauhigkeit im Sinne von Höhendifferenzen, die gerade in der
Technik als Maßzahl für die Oberflächenrauhigkeit eine wichtige Rolle spielen.

In den verschiedenen Abarten der Adsorptionsmethoden ist der Grundgedanke für die Ausbreitung des molekularen, sich an alle Unebenheiten der
Oberfläche anpassenden Tuches der, daß in einem möglichst genau meßbaren
Vorgang von außen Atom nach Atom oder Molekül nach Molekül in solcher
Weise und so lange nebeneinander auf die Oberfläche gebracht werden, bis
eine vollständige, lückenlose, einmolekulare, sich allen Unebenheiten anpassende Schicht entstanden ist, wie es schematisch etwa in Abb. 30 gezeigt ist.

Diese Bedingungen enthalten alle jene Voraussetzungen, die erfüllt werden
müssen, wenn man mit einem dieser Verfahren quantitativ verläßliche Werte
für die Oberflächenrauhigkeit erhalten will. Diese Voraussetzungen sind je
nach dem gewählten physikalischen oder chemischen Vorgang, durch den die
einzelnen Atome oder Moleküle auf die rauhe Oberfläche gebracht werden,
von Fall zu Fall verschieden.

Wenn man die einmolekulare Schicht sich durch die spontan erfolgende
Adsorption von Molekülen aus der Gasphase bilden läßt und ihre Zahl aus
der auftretenden Druckabnahme des Gases bestimmt, dann kann man wohl
in Anlehnung an die Theorie der monomolekularen Adsorption von Langmuir[1]
oder auf Grund der Hückelschen Adsorptionsgleichung[2] aus dem Verlauf
experimentell gemessener Adsorptionsisothermen und dem Eintreten einer
Sättigung schließen, ob die entstandene Schicht einmolekular ist; ob sie aber
auch vollständig und lückenlos ist, läßt sich auf diesem Wege nicht nachweisen,
man kann es vielmehr nur bei sorgfältiger Berücksichtigung aller Einzelheiten
des experimentellen Vorganges mehr oder weniger wahrscheinlich machen,
wie in Abschnitt VIII an einem Beispiel eingehender ausgeführt wird[3].
Es ist versucht worden, Gleichmäßigkeit und Lückenlosigkeit der Adsorptionsschicht durch Verwendung radioaktiver Gase zu prüfen, einerseits durch
Messung der Strahlung der gebildeten Schicht, andererseits durch Einwirkung
dieser Strahlung auf eine auf die Schicht gelegte Fotoplatte; aber natürlich
sagt eine solche Prüfung über Gleichmäßigkeit innerhalb submikroskopischer
oder gar molekularer Bereiche nichts aus[4].

Werden, wie es oft geschieht, zur Bildung der Schicht Farbstoffmoleküle
verwendet, die aus einer Lösung des Farbstoffes adsorbiert werden und deren
Zahl man leicht mit kolorimetrischen Methoden bestimmen kann, z. B. Me-
thylenblau, Methylviolett u. a., so kommt durch die Tatsache, daß diese
Moleküle nicht kugelsymmetrische Form haben, also je nach ihrer unbekannten
Orientierung zur adsorbierenden Oberfläche verschiedenen Raumbedarf
haben, eine weitere Schwierigkeit hinzu. Dem entspricht es, daß verschiedene
Farbstoffe, auf gleicher Oberfläche adsorbiert, für diese verschiedene Werte
der wahren Oberfläche ergeben[5], wenn man die Gleichmäßigkeit und Lücken.

[1] Langmuir, I.; J. Amer. Chem. Soc. 40, 1361, 1918.
[2] Hückel, E.; Adsorption und Kapillarkondensation, Leipzig 1930.
[3] siehe z. B. Roberts, J. K.; Proc. Roy. Soc. London (A) 152, 445 u. 464, 1935.
[4] Käding, H., und Riehl, N.; Z. angew. Chem. 47, 263, 1934.
[5] Terwellen, J.; Z. phys. Chem. A 153, 52, 1931.

losigkeit ebenso wie die einmolekulare Dicke allein aus dem Auftreten einer Sättigung in der Adsorptionsisotherme beurteilt. Ferner kommt hinzu, daß so hochmolekulare Moleküle als Einzelbausteine des molekularen Tuches fallweise viel zu groß sein werden, um sich Erhöhungen, besonders aber Vertiefungen, die viel kleinere, nämlich atomare Ausmaße haben, anpassen können; vielmehr werden sie sich glatt wie eine Brücke über solche Vertiefungen spannen.

Schon diese wenigen Hinweise zeigen, daß in den meisten Fällen die für die Anwendung der Adsorptionsmethoden grundlegende Frage, ob die Voraussetzungen der Vollständigkeit, Lückenlosigkeit, der einmolekularen Dicke und der Anpassung an alle Unebenheiten der Oberfläche erfüllt sind, fast ebenso viele noch ungelöste Probleme enthalten. Beim heutigen Stand der Forschung können daher mit den Adsorptionsmethoden nur relative Vergleichsmessungen geringer Genauigkeit gemacht werden. Trotzdem können sie bei sorgfältiger Handhabung, wie etwa die Arbeit von Beeck, Smith und Wheeler[1] über die wahre (auch innere) Oberfläche dünner, aufgedampfter Nickelschichten zeigt, oder in den an anderer Stelle eingehend besprochenen Arbeiten von Roberts[2] zu sehr wertvollen quantitativen Ergebnissen führen, die tiefen Einblick in die Struktur solcher Schichten ermöglichen und die dadurch aufzeigen, daß die systematische Sicherung der Grundlagen der Methoden wie auch deren weitere Entwicklung durchaus erwünscht ist.

All dies gilt auch von der den Adsorptionsmethoden nahestehenden, radioaktiven Indikatormethode von Paneth und Vorwerk[3], in der durch Austauschadsorption radioaktive Atome oder Ionen aus einer Lösung gegen in Lösung gehende isotope Atome oder Ionen der Oberfläche ausgetauscht werden. Aus der nachher von der Oberfläche ausgesendeten, radioaktiven Strahlung oder aus der der Lösung verbliebenen einerseits, ferner aus der Zahl der bis zur Erreichung des Gleichgewichtszustandes mit chemisch-analytischen Methoden bestimmten Zahl der in Lösung gegangenen nicht-radioaktiven Atome die Gesamtzahl der Atome der Oberfläche und damit deren wahre Größe bestimmt werden kann. Der Weiterentwicklung dieser Methode kommt um so höhere Bedeutung zu, als es jetzt möglich ist, fast zu jedem Atom ein radioaktives Isotop künstlich herzustellen.

3. Die chemischen und elektrochemischen Methoden

Das sich allen Unebenheiten einer Oberfläche anpassende molekulare Tuch kann jedoch auch mittels chemischer und elektrochemischer Vorgänge über diese gebreitet werden. Drei Methoden, die sich solcher Vorgänge bedienen, sind gegenwärtig wohl die einzigen, die zu einer in der Physik dünner Schichten im besonderen, der Physik und der Chemie der Grenzflächen im allgemeinen so notwendigen quantitativen Kenntnis der wahren Oberfläche führen. Diese Methoden sind allerdings nur auf Metalle anwendbar. Nun zeigen aber die neueren Erfahrungen, die man beim Abdruckverfahren in der Elektronenmikroskopie, ebenso aber auch die, die Tolansky bei seinen Oberflächen-

---

[1] Beeck, O., Smith, A. D., und Wheeler, A.; Proc. Roy. Soc. (London) A 177, 62, 1941.
[2] Roberts, l. c.
[3] Paneth, F.; Z. Elektrochem. 28, 113, 1922; Paneth, F., und Vorwerk, W.; Z. phys. Chem. A 101, 445, 1922.

untersuchungen gemacht hat, daß man heute Oberflächen nichtmetallischer
Körper durch Aufdampfen dünner Metallschichten in solcher Weise mit
diesen überziehen kann, daß die Oberflächenkonturen des Rauhigkeitsgebirges
erhalten bleiben; ob vollkommen oder nur teilweise, das ist eine noch ungelöste Frage, die schon in den Untersuchungen von Tolansky in ihrer ganzen
Dringlichkeit zutage tritt und einer endgültigen, experimentellen Antwort
bedarf. Grundsätzlich besteht aber dadurch die Möglichkeit, auch die wahre
Oberfläche nichtmetallischer Festkörper mit den nun im folgenden kurz
behandelten drei Methoden quantitativ zu messen.

a) Die Methode von Bowden-Rideal[1]. In dieser Methode sind es
Wasserstoffatome, die aus einer verdünnten Säurelösung auf elektrolytischem
Wege solange auf der zu messenden Metalloberfläche niedergeschlagen werden,
bis sie in einatomiger Schicht die Metalloberfäche lückenlos und vollständig
bedecken. Die Zahl der auf die zu messende Oberfläche aufgebrachten Wasserstoffatome wird durch Messung der von Elektrode zu Elektrode übergegan-
genen Elektrizitätsmenge mit Hilfe der Faradayschen Gesetze bestimmt;
hierbei ist die größte Vorsicht, Sorgfalt und Sauberkeit nötig, schon geringste
Spuren von Sauerstoff[2], im Elektrolyt gelöst, können bewirken, daß nicht jeder
gemessenen Elektrizitätseinheit auch ein abgeschiedenes H-Ion entspricht.
Auch Wiederauflösung schon abgeschiedener H-Ionen im Elektrolyt während
der Messung oder Eindringen in die Metalloberfläche durch Diffusion müssen
genauestens erfaßt und berücksichtigt werden.

Der Zeitpunkt, in dem die abgeschiedenen Ionen eine vollständige und
lückenlose, monoatomare Schicht über der Metalloberfläche bilden, wird durch
Messung der an dieser Elektrode auftretenden Polarisationsspannung gegen
eine dritte Elektrode bestimmt. Bowden und Rideal konnten nachweisen,
daß für alle von ihnen untersuchten Metalle diese Polarisationsspannung Φ_r
zu Beginn der Elektrolyse, die sehr langsam mit sehr kleiner Stromstärke
durchgeführt werden muß, linear mit der elektrolytisch gemessenen Zahl
der abgeschiedenen H-Ionen ansteigt, wie es in Abb. 37 gezeigt ist. Die Gerade
läßt sich durch die einfache Formel

$$\Phi_r = \frac{K}{F} \cdot m + \text{const} \tag{17}$$

darstellen, in der F die gesuchte wahre Oberfläche der Metallelektrode und K
eine für alle Metalle annähernd gleiche Konstante ist. Sie wird durch Ver-
gleichsmessung an einer flüssigen Metalloberfläche (Hg) bestimmt, für die die
wahre und scheinbare Oberfläche gleich sind. Der Übergang des linearen
Anstieges in den Sättigungswert der normalen Wasserstoffüberspannung
zeigt an, daß die monoatomare Schicht vollständig ist.

Es liegen nur wenige Messungen mit dieser Methode vor, die bestimmt
einer sehr hohen Genauigkeit fähig ist. Einige der an Ni und Ga gemessenen
Werte sind in Tabelle 2 eingetragen, die einen Eindruck von dem Unterschied
zwischen wahrer und geometrisch-makroskopisch gemessener, scheinbarer
Oberfläche bei verschiedener Oberflächenbehandlung vermitteln soll. Es ist

---

[1] Bowden, F. P., und Rideal, E. K.; Proc. Roy. Soc. London (A) 120, 59 und 80, 1928.
[2] McAuley, A. L., und Mellor, D. P.; Nature 122, 170, 1928. — Erschler, B., und
Frumkin, A.; Trans. Far. Soc. 36, 464, 1939.

für die Genauigkeit der Methode bezeichnend, daß die flüssige Oberfläche eines anderen Metalles (Ga) die gleiche wahre Oberfläche hat, wie flüssiges Hg, ferner ist bemerkenswert, daß beim Erstarren die wahre Oberfläche sich um das 1,4- bis 1,7fache vergrößert.

b) Die Methode von Erbacher[1]. Hier ist es ein elektrochemischer, eng mit der Elektrolyse verbundener Vorgang, der zur Ausbreitung des monoatomaren, sich allen Rauhigkeiten der Oberfläche vollkommen anpassenden Überzuges verwendet wird. Taucht man eine Metallelektrode in eine Flüssigkeit, in die die Ionen des Metalls in Lösung zu gehen vermögen, dann erreicht

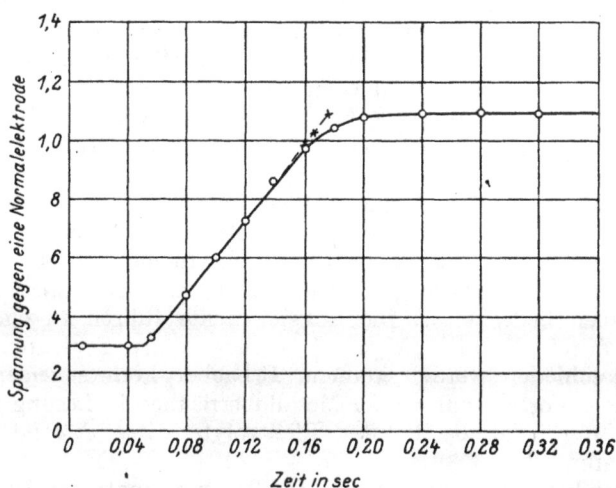

Abb. 37.
Anstieg und Sättigung der Polarisationsspannung einer elektrolytisch mit H-Ionen bedeckten Metalloberfläche (nach Bowden und Rideal).

nach einiger Zeit die Ionenkonzentration im Elektrolyt bei einer bestimmten Temperatur einen bestimmten Grenzwert. Diesem entspricht, ähnlich wie dem Dampfdruck einer Flüssigkeit, ein kinetisches Gleichgewicht zwischen der je Zeiteinheit die Metalloberfläche verlassenden und der auf ihr niedergeschlagenen Ionenzahl. Befinden sich nun im Elektrolyt gleichzeitig Ionen eines edleren Metalles, so erfolgt deren Abscheidung auf der unedleren Metallelektrode bevorzugt und in einem von dem ersten etwas verschiedenen Mechanismus. Denn beim zuerst beschriebenen Vorgang sind der Elementarprozeß des in Lösunggehens eines Ions und der umgekehrte des Auftreffens und Haftenbleibens eines Ions räumlich und zeitlich unabhängig voneinander, ebenso wie der Elementarprozeß des Austretens eines Flüssigkeitsmoleküls aus der Oberfläche beim Verdampfen und das Wiedereintreten bei der Kondensation. Ein edleres Ion jedoch tauscht bei seinem Auftreffen auf die unedlere Metallelektrode wegen der Differenz der Elektronenaffinitäten sein Elektron mit dem des nächstliegenden, unedleren Metallatoms aus; das erstere

[1] Erbacher, O.; Naturw. 20, 944, 1932; Z. phys. Chem. A 163, 196 und 215 und 231, 1933.

schlägt sich als Atom nieder, das letztere geht als Ion in Lösung und der Vorgang ist lokal genau definiert.

Dieser Austauschprozeß nun ist es, der die Grundlage der Methode von Erbacher ist; er führt, wie leicht einzusehen ist, ohne Vorhandensein eines elektrischen Stromes zu einer monoatomaren Bedeckung der gesamten Oberfläche des unedleren Metalles, solange eine Diffusion ins Innere vernachlässigt werden kann. Es ist also wieder nur die Zahl der abgeschiedenen, edleren Metallatome zu bestimmen, um die Größe der wahren Oberfläche zu kennen.

Es können sich jedoch, wie Erbacher in einer Reihe von Untersuchungen gezeigt hat[1], neben dem genannten Vorgang noch andere rein elektrolytischer Natur abspielen, die unter Umständen zu viel dickeren und ungleichmäßigen Niederschlägen des edleren Metalles auf der Oberfläche des unedlen führen können und die unbedingt vermieden werden müssen, wenn die Methode verläßliche und genaue Werte geben soll. Ursache dieser elektrolytischen Vorgänge ist das Vorhandensein oder die Bildung von Orten mit verschiedenem Potential auf der Metalloberfläche, wodurch auf dieser Lokalelemente entstehen. Vorhanden sind solche Stellen, wenn die Metalloberfläche von vornherein heterogen ist; gebildet werden sie ferner immer zu Beginn des Vorganges, solange noch nicht die ganze Oberfläche mit einer zusammenhängenden Schicht des edleren Metalles, sondern nur von statistisch verteilten Inseln desselben bedeckt ist. Die Lokalelemente führen zu einer richtigen Elektrolyse, durch die viel dickere als monoatomare Schichten des edleren Metalles abgeschieden werden können. Erbacher konnte zeigen, daß man durch geeignete Vorbehandlung der Metalloberflächen in Lösungen und durch Verwendung nur ganz bestimmter Elektrolyte diese störenden Vorgänge vermeiden kann.

Daß die gebildete Schicht edlerer Metallatome einatomar ist, vollständig und lückenlos, hat Erbacher in ähnlicher Weise nachzuweisen versucht, wie es auch bei den Adsorptionsmethoden und der Methode von Bowden-Rideal geschah. Die dort gemachten kritischen Bemerkungen zu diesen Nachweisen gelten mit sinngemäßer Abänderung auch hier und deuten an, wo weitere Forschung zur Sicherung der Grundlagen dieser Methoden notwendig ist.

c) Die Methode von Constable[2]. Hier sind es nicht mehr einmolekulare Schichten, die in geeigneter Weise über eine Oberfläche gebreitet werden, sondern eine viele hundert Moleküllagen dicke Schicht. Sie wird durch einen rein chemischen Vorgang, die Oxydation, gebildet.

Die Grundlagen dieses Verfahrens erscheinen noch viel weniger gesichert als die der anderen hier kurz beschriebenen Methoden. Trotzdem könnte dieses Verfahren eine ganz besondere Bedeutung dadurch gewinnen, daß es in enger Verbindung mit dem neuerdings in der Elektronenmikroskopie von Oberflächen mit viel Erfolg eingeführten Abdruckverfahren mittels Oxydschichten[3] steht und sich hier vielleicht die Möglichkeit ergibt, von einem

[1] Erbacher, O.; Z. phys. Chem. A 166, 23, 1933; 178, 15, 1936; 182, 243 u. 256, 1938; Z. Elektrochem. 44, 594, 1938.

[2] Constable, F. H; Proc. Roy. Soc. London (A) 119, 196 u. 202, 1928; Nature 144, 630, 1930.

[3] Siehe dazu Mahl, H.; Optik 3, 59, 1948; Duffek u. Mahl, H.; Arch. f. Eisenhüttenwesen 43, 73, 1942.

mit dem Elektronenmikroskop bis nahe in molekulare Dimensionen sichtbar gemachten Oberflächenrelief gleichzeitig mit der Methode von Constable die wahre Oberfläche quantitativ zu bestimmen.

Die auch von der Oxydschicht zu erfüllenden Bedingungen, daß sie sich den Unebenheiten der Oberfläche vollkommen anpaßt, daß sie lückenlos ist und vollständig, erscheinen durch den Vorgang selbst, den der Oxydation, gesichert, sofern es nur eine homogene Metalloberfläche ist und das gebildete Oxyd ein gleiches oder größeres spezifisches Volumen hat als das darunter liegende Metall, damit sich keine Sprünge in der Schicht bilden. Die gleichmäßige Dicke der Schicht erscheint schon nicht mehr so gesichert, denn es ist bekannt, daß verschiedene Kristallflächen durchaus verschiedene Oxydationsgeschwindigkeit haben können[1] und es ist möglich, daß Rauhigkeitszacken von verschiedenen Kristallflächen begrenzt sind. Damit ist aber auch gezeigt, daß das Profil des Oberflächengebirges vor und nach der Oxydation durchaus nicht das gleiche sein muß oder die wahre Oberfläche vor der Oxydation durchaus nicht die gleiche wie nach der Oxydation; es ist aber diese, die dann bestimmt wird, und jene, die bestimmt werden soll. Die Frage ist mit den neueren Abdruckverfahren der Elektronenmikroskopie leicht zu entscheiden, wenn man von einer solchen rauhen Metalloberfläche vor der Oxydation einen Abdruck mit einer die Oberfläche nicht angreifenden Substanz macht, nachher einen Oxydfilm der gleichen Oberfläche als Abdruckfilm herstellt und beide miteinander vergleicht.

Zu diesen noch ungelösten, aber die Anwendbarkeit der Methode für quantitative Zwecke schlechthin bestimmenden Fragen kommen nun auch die noch nicht überwundenen Schwierigkeiten, die in der Art liegen, wie die Größe F dieses viele Moleküle dicken Tuches im „ausgebreiteten Zustande", die ja der wahren Oberfläche entspricht, berechnet wird. Ist nämlich m die Masse des gebildeten Oxyds, die etwa aus der Menge des verbrauchten Sauerstoffs sehr genau bestimmt werden kann, und d die als überall ganz gleichmäßig vorausgesetzte und gemessene Dicke des Tuches, dann besteht die einfache Beziehung $m = s \cdot d \cdot F$, wenn mit s die Dichte des gebildeten Oxyds bezeichnet wird, die der desselben Oxyds in massiver Form gleichgesetzt wird. Ob letzteres immer richtig ist, dafür steht der experimentelle Beweis auch noch aus.

Die Schichtdicke d wird nun von Constable mit Hilfe der Newtonschen Interferenzfarbenmethode bestimmt und dies ist auch der Grund, warum die Schichten relativ dick sein müssen gegenüber molekularen Dimensionen. Aber gerade für Oxydschichten auf Metallen liegt ein umfangreiches experimentelles, zu wiederholten kritischen Erörterungen Anlaß gebendes Material vor[2], das aufzeigt, daß zwischen Dicke einer Oxydschicht und deren Interferenzfarbe kein eindeutiger Zusammenhang besteht. Es müßten also andere, genauere, und vor allem auf viel dünnere Oxydschichten anwendbare Methoden zur Messung der Schichtdicke verwendet werden, jedoch ist dies bisher nicht geschehen. Dies ist bedauerlich, weil die neueren Erfahrungen der Elektronenmikroskopie sehr dafür sprechen, daß die Oxydschichtmethode einer hohen Genauigkeit fähig ist.

[1] Tamann, G.; J. Inst. Met. 44, 39, 1930.
[2] Siehe Mayer, H.; Ph. d. Sch., Bd. I (Optik).

Tabelle II.

Rauhigkeitskoeffizient (= Verhältnis wahre/scheinbare Oberfläche)
von Ni- und Ga-Oberflächen.

Substanz	Vorbehandlung und Zustand der Oberfläche	R. K.	Meßmethode	Beobachter
Nickel	gerollt	3,5 — 5,8	Bowden und Rideal	
„	poliert	9,7 — 13,3	„ „ „	
„	Hochglanz poliert	2,4	Erbacher	
„	feinst geschmirgelt	3,2	„	
„	grob geschmirgelt	3,5	„	
„	Draht	2	Farbstoffadsorption	Kemper
„	elektrolytisch auf Graphit, dann	1,3	Constable	
„	abwechselnd oxydiert und reduziert	bis 4,5	Constable	
Gallium	flüssig	1	Bowden und Rideal	
„	fest geworden	1,7	„ „ „	

IV. DER ÜBERGANG VOM EINZELNEN METALLATOM ZUM KOMPAKTEN METALL

Es ist immer schon ein wesentliches Ziel der Forschung gewesen, auf dem Wege über die Analyse vom Zusammengesetzten, Komplizierten, zum Einfachen vorzudringen, es zu isolieren und in seinen Eigenschaften zu erkennen; dann zurückgehend auf dem Wege der Synthese aus dem Einfachen das Zusammengesetzte wieder zusammenzubauen und in seinen Eigenschaften nun nicht nur zu verstehen, sondern auch, zumindest erkenntnismäßig, zu beherrschen.

In diesem Sinne ist die Synthese eines Metalles mit allen seinen makroskopischen Eigenschaften aus dem einzelnen, isolierten Metallatom und dessen Eigenschaften immer schon ein wesentlicher Bestandteil physikalischer und chemischer Forschung gewesen.

Auch für diesen Forschungszweig liegen in der experimentellen Forschungsmethode dünner Schichten bedeutende, noch keineswegs ausgeschöpfte Möglichkeiten.

Ihre wichtigste, sie schlechthin als solche kennzeichnende Eigenschaft ist die elektrische Leitfähigkeit der Metalle. Wir sehen heute freie Elektronen im Inneren der Metalle als die Träger dieser Leitfähigkeit an. Ein isoliertes Metallatom hat jedoch keine freien Elektronen; die Elektronen seiner Elektronenhülle sind mit ganz bestimmten Kräften, denen bestimmte Energien entsprechen, an den Metallatomkern gebunden und können ihn keineswegs frei verlassen. Deswegen leitet ein aus in großem Abstand befindlichen Metallatomen aufgebautes Metallgas nicht, es sei denn, daß durch äußeren Eingriff, z. B. durch lichtelektrischen Effekt, einzelne Elektronen befreit werden und dann bei Anlegung eines elektrischen Feldes den Ladungstransport besorgen. Treten solche Metallatome aber in einer Flüssigkeit oder in einem festen Kristallverband nahe zusammen, so bedarf es keines äußeren Eingriffes, keiner äußeren Energiezufuhr mehr, um Elektronen als Ladungsträger aus den Atomen freizumachen; vielmehr ist in jedem Metall eine ganz bestimmte Zahl solcher freier Elektronen immer vorhanden, die sich bei Anlegen auch des kleinsten Feldes als Strom in Feldrichtung bewegen. Beim Annähern ursprünglich weit voneinander befindlicher Metallatome bis zu den Abständen, wie sie im Metallgitter vorliegen, muß also bei bestimmten Abständen dadurch, daß die Wechselwirkung zwischen den näherkommenden Atomen ein bestimmtes Maß überschreitet, das Freiwerden von Elektronen aus der Elektronenhülle der einzelnen Atome eintreten. Daß es die äußersten, ganz an der Peripherie der Elektronenhülle befindlichen und deswegen am schwächsten gebundenen Elektronen sein werden, darf man als selbstverständlich annehmen.

Es ist eine wichtige Frage der Synthese eines kompakten Metalles aus einzelnen, ursprünglich weit voneinander befindlichen Metallatomen, wann, d. h. bei welchem Abstand der Atome diese Befreiung peripherer Elektronen beginnt. Herzfeld [1]

---

[1] Herzfeld, K. F.; Phys. Rev. 29, 701, 1927.

ist wohl der erste gewesen, der, allerdings noch im Ramen der älteren, elektronentheoretischen Anschauungen, nach einem Kriterium hierfür gesucht hat. Es sollte, als Beziehung zwischen gewissen als physikalische Größen meßbaren, charakteristischen Eigenschaften der Metallatome formuliert, eine Bedingung darstellen für das Frei- oder Nichtfreiwerden von peripheren Elektronen der Elemente. Es ist bestimmt möglich, diese Bedingung auch im Rahmen der Wellenmechanik erneut und exakt zu formulieren, etwa als Abhängigkeit von Austauschintegralen vom Atomabstand. Bisher liegen jedoch solche Versuche noch nicht vor. Es sei daher näher auf die Herzfeldschen Überlegungen eingegangen. Von vornherein sei allerdings darauf hingewiesen, daß das in diesen Überlegungen abgeleitete Metallkriterium nicht nur wegen seiner Bindung an die älteren, elektronentheoretischen Anschauungen, sondern auch wegen vieler Vernachlässigungen nur als mehr oder weniger gute Näherung angesehen werden muß. Aber auch als solche erweist es sich als sehr wertvoll.

Ausgangspunkt seiner Überlegungen ist das molekulare Brechungsvermögen R einer Substanz, das durch die Beziehung

$$R = \frac{n^2 - 1}{n^2 + 2} \cdot \frac{M}{s} \tag{18a}$$

mit dem Brechungsindex n verknüpft ist; M ist das Molekulargewicht, s die Dichte der Substanz. Schreibt man diese Beziehung in der Form

$$\frac{n^2 - 1}{n^2 + 2} = R \frac{s}{M} \tag{18b}$$

so erkennt man sofort, daß die linke Seite nicht größer als 1 sein kann. Was geschieht nun, wenn durch Kompression eines Gases oder Dampfes etwa eines Metalldampfes, die Abstände der Atome ständig verringert, die Dichte also erhöht wird, so daß der Ausdruck auf der rechten Seite sich schließlich dem Werte 1 nähert oder diesen gar überschreitet?

Die Antwort, die Herzfeld auf diese Frage gibt, bewegt sich, wie schon erwähnt, im Rahmen der klassischen Dispersionstheorie. In dieser wird das Brechungsvermögen auf die Schwingungen von Dispersionselektronen zurückgeführt, die durch eine quasielastische Kraft $-k \cdot r$ an die positiven Atomreste gebunden sind. Die Schwingungen eines solchen Dispersionselektrons unter dem Einfluß der elektrischen Feldstärke $\mathfrak{E} = A \cdot e^{i\omega t}$ einer einfallenden Lichtwelle werden durch die Bewegungsgleichung

$$m\frac{d^2\mathfrak{r}}{dt^2} = -k\mathfrak{r} + e\mathfrak{E} \tag{19}$$

beschrieben, wenn man die Dämpfung vernachlässigt.

Auf dem Wege über die Integration dieser Bewegungsgleichung kommt man zu einer Beziehung, die den in (18) auftretenden Quotienten $\frac{n^2 - 1}{n^2 + 2}$ mit charakteristischen Größen der Dispersionstheorie verknüpft, nämlich

$$\frac{n^2 - 1}{n^2 + 2} = \frac{4\pi}{3} \cdot \frac{N \cdot e^2 \cdot 1}{m \cdot p} \tag{20}$$

worin N die Zahl der Dispersionselektronen in der Volumeinheit ist, von denen hier der Einfachheit wegen nur eine Art vorausgesetzt ist; e ist ihre

Ladung, m ihre Masse und p eine Abkürzung für

$$p \equiv \omega^2_0 - \omega^2 + i\omega\omega_D \tag{21}$$

worin ω_0 die Eigenkreisfrequenz des Elektrons, ω die der einfallenden Strahlung ist; ω_D ist eine die Dämpfung kennzeichnende Größe. Nimmt man nur sehr schwache Dämpfung an $(\omega_D \sim 0)$, ferner als einfallende Strahlung eine solche sehr großer Wellenlänge $(\omega \sim 0)$, dann verschwinden die beiden letzten Summanden und p bedeutet nur mehr $p \equiv \omega^2_0 = 4\,\pi^2\,\nu^2_0$, wenn mit ν^2_0 die Eigenfrequenz der Dispersionselektronen bezeichnet wird. Dies in (20) eingeführt gibt mit Rücksicht auf (18)

$$\frac{4\pi}{3} \cdot \frac{N \cdot e^2}{m} \cdot \frac{1}{4\pi^2\nu^2_0} = R \cdot \frac{s}{M} \tag{22}$$

In der Bewegungsgleichung (19) ist jedoch die Kraft $\mathfrak{K}$ nur dann gleich dem Produkt $e \cdot \mathfrak{E}$, wenn das Elektron sich nicht in einem Medium befindet, das einer merklichen elektrischen Polarisation fähig ist, also etwa in einem verdünnten Gas. Wird aber das Gas oder der Dampf verdichtet, dann überlagert sich der Feldstärke $\mathfrak{E}$ das von der Polarisation $\mathfrak{P}$ herrührende Feld, das als Lorenz-Lorentz-Kraft durch $4\,\pi\,\mathfrak{P}/3$ gegeben ist[1]. Dabei setzt sich die Gesamtpolarisation $\mathfrak{P}$ der Volumeinheit aus der Gesamtheit der elektrischen Dipolmomente $\mathfrak{p} = e \cdot \mathfrak{r}$ der Einzelmoleküle zusammen, von denen N in der Volumeinheit vorhanden sein sollen; mithin ist

$$\mathfrak{P} = N \cdot \mathfrak{p} = N \cdot e \cdot \mathfrak{r} \tag{23}$$

Die Bewegungsgleichung (19) des Dispersionselektrons muß also jetzt

$$m\frac{d^2\mathfrak{r}}{dt^2} = -k\,\mathfrak{r} + e\left(\mathfrak{E} + \frac{4\pi\mathfrak{P}}{3}\right) \tag{24}$$

geschrieben werden, oder mit Hinblick auf (23)

$$m\frac{d^2\mathfrak{p}}{dt^2} + 4\pi^2 m\,\nu^2_0\left(1 - \frac{Ne^2}{3\pi m\,\nu^2_0}\right)\mathfrak{p} = e^2\mathfrak{E} \tag{25}$$

oder schließlich wegen (22)

$$m\frac{d^2\mathfrak{p}}{dt^2} + 4\pi^2 m\,\nu^2_0\left(1 - R\frac{s}{M}\right)\mathfrak{p} = e^2 \cdot \mathfrak{E} \tag{26}$$

Aus dieser Form der Bewegungsgleichung ersieht man sofort, daß die Eigenfrequenz des Elektrons im Atom durch die Verdichtung bis zur Dichte s um den Faktor $\left(1 - R\frac{s}{M}\right)^{1/2}$ vermindert wird. Sie wird 0, wenn $R\frac{s}{M}$ gleich 1 wird. Dann schwingt das Elektron nicht mehr, bzw. keine quasielektrische Kraft bindet das Elektron mehr an einen bestimmten Atomrest; das Elektron ist frei geworden.

Daraus ergibt sich nun als die von Herzfeld gesuchte Bedingung für das Auftreten freier Elektronen in einer Substanz, also für deren metallische Leitfähigkeit im festen oder flüssigen Zustand, daß die molekulare Refraktion R, für unendlich große Wellenlängen genommen, größer sein muß als der Quotient Molekulargewicht/Dichte, also

$$R > \frac{M}{s} \tag{27}$$

---

[1] Allerdings nur im Falle isotroper oder kubischer Substanzen, auf die mithin diese Überlegungen, streng genommen, beschränkt bleiben müssen.

Um dieses Metallkriterium sinngemäß anwenden zu können, darf nicht übersehen werden, daß die Beziehungen (18) und (22) ihren Sinn verlieren, wenn die vorher gebundenen Dispersionselektronen frei geworden sind. Man kann aber, gewissermaßen als Grenzwert, den Wert von R für jene Dichte s (bzw. jenen Atomabstand) der einander genäherten Metallatome berechnen, bei der der Wert von $R \cdot \dfrac{s}{M}$ nahezu gleich 1 ist und nun zusehen, wie weit und in welchem Sinne die zugehörige Dichte s von der der normalen festen Substanz verschieden ist. Als den eben bezeichneten Grenzwert von R kann man aber nach Herzfeld näherungsweise den an der gasförmigen Substanz gemessenen Wert nehmen, da die Änderung beim Übergang in den flüssigen oder festen Zustand im allgemeinen nur gering ist. In der ersten Zahlenreihe in Tabelle III sind Werte von R eingetragen, die teils aus den an der gasförmigen Substanz gemessenen Brechungsindex n (mit * versehen), oder, wo dieser nicht bekannt war, mittels der Beziehung (22) berechnet wurden unter der Annahme, daß die Zahl der Dispersionselektronen für die Resonanzlinie (ν_o) gleich 1 ist.

Man erkennt aus dieser Tabelle, daß die relative Größe von R gegenüber M/s den ausgesprochen metallischen Charakter der guten Leiter, für die $R > M/s$ ist, gut wiedergibt, ebenso den weniger ausgesprochenen der im Übergangsgebiet zu den Metalloiden stehenden Elemente Bi, Sb, Se, Te, As und schließlich der Isolatoren für die $R < M/s$ ist.

Darüber hinaus aber kann man aus den Werten der Tabelle III einen weiteren wichtigen Schluß ziehen. Bei den Alkalimetallen und anderen der in der ersten Kolonne eingetragenen Metalle ist R um so viel größer als M/s, daß eine ziemliche Verminderung der Dichte s, also eine ziemliche Vergrößerung des Abstandes der Atome möglich ist, ehe $R = M/s$ wird und damit der metallische Charakter verloren geht.

Tabelle III.

Molekulares Brechungsvermögen R (für gasförmigen Zustand) und Quotient Molekulargewicht/Dichte M/s (für festen Zustand) für einige Elemente (nach Herzfeld).

Element	R	M/s	Element	R	M/s	Element	R	M/s
Li	81,5	13	Au	10,7	10,2	He	0,518*	27,4
Na	61*	23,6	Zn	14,6*	9,2	Ar	4,15*	27,8
K	107	44,7	Hg	13,74*	14,61 (fest) 14,22 (flüss.)			
Rb	110	55,8	Tl	13,8	17,2	Kr	6,25*	38,4
Cs		71	Pb	14,5	18,2	Xe	10,2*	37,3
Cu	18,95	7,1	Se₂	22,8	33 (Metall) 37 (amorph)			
Ag	19,4*	10,2	Te₂	35,4	40,8			
Cd	20,0*	13	As₂	23,1	26,2			

Man kann dies auch so ausdrücken, daß der ausgesprochen metallische Charakter dieser Metalle gegen eine Auflockerung ihres Gefüges keineswegs sehr empfindlich sein wird. Bei anderen Metallen dagegen, wie z. B. Au und Hg, ist schon beim Zustand normaler Dichte die Herzfeldsche Bedingung kaum erfüllt, ihr metallischer Charakter wird also gegen geringste Auflockerung sehr empfindlich sein bzw. verloren gehen.

Die experimentelle Methodik dünner Schichten bietet nun nicht nur unmittelbar die Möglichkeit, den Aufbau eines Metalles durch schrittweises Näheraneinanderbringen der einzelnen Metallatome in allen Zwischenstadien zwischen Einzelatom und kompaktem Metall zu verwirklichen und zu erforschen, sondern auch die, diese eben genannten Folgerungen aus dem Herzfeldschen Metallkriterium zu untersuchen.

Man kann neuere Ergebnisse über den elektrischen Widerstand sehr dünner Metallschichten als eine schöne qualitative Bestätigung für die Richtigkeit des Herzfeldschen Kriteriums ansehen und gewinnt dadurch einen wichtigen Gesichtspunkt für künftige Forschungen auf diesem Gebiete.

Die Zahl der experimentellen Arbeiten über den elektrischen Widerstand dünner und dünnster Metallschichten ist sehr groß[1], die Ergebnisse waren lange Zeit nicht reproduzierbar und sehr widerspruchsvoll. Die Ursache dafür lag darin, daß der Forderung nach dem reinen Versuch, die sich ganz eindringlich schon nach den ersten Untersuchungen dieser Art ergeben hatte, trotzdem Jahrzehnte hindurch nicht Rechnung getragen wurde bzw. nicht Rechnung getragen werden konnte, weil gewisse experimentelle Entwicklungen anderer Gebiete noch nicht genügend weit fortgeschritten waren, vor allem die Technik zur Erzeugung höchsten Vakuums. Der Wert der Ergebnisse dieser Vielzahl experimenteller Untersuchungen ist daher gering bis zu jenen ersten Arbeiten, in denen die Metallschichten unter saubersten Bedingungen im höchsten Vakuum durch Aufdampfen auf Träger bestimmter tiefer Temperatur erzeugt wurden, ein Vorgang, der, wenn genügend langsam ablaufend, dem entspricht, was man als die experimentelle Verwirklichung des schrittweisen Näherbringens ursprünglich weit voneinander befindlicher Atome bis zum Aufbau des kompakten Metalles bezeichnen kann.

Wir greifen aus der Reihe der gut leitenden Metalle zwei heraus, die in bezug auf das Herzfeldsche Kriterium, d. h. in bezug auf Empfindlichkeit gegenüber einer Auflockerung der Struktur durch Abstandsvergrößerung der Atome an den extremen Enden der Reihe stehen; es ist erstens ein Alkalimetall, für das im Normalzustand R viel größer als M/s ist und zweitens Hg, für das schon im Normalzustand $R \sim M/s$ ist. Werden Alkaliatome aufgedampft, so gibt es eine genaue Methode ihre Zahl zu messen. Man kennt daher ihre Dichte in der entstehenden Schicht genau. Auf Grund des Herzfeldschen Kriteriums darf man dann erwarten, daß in solchen Schichten von Alkaliatomen auf einem Träger schon lange bevor die Atome bis zu ihrem Normalabstand im kompakten Metall genähert wurden, also bevor noch eine einzige, vollständige monoatomare Schicht vorliegt, freie Elektronen und damit metallische Leitfähigkeit auftreten. Umgekehrt werden wir bei Quecksilberatomen erwarten dürfen, daß der Normalabstand, den die Atome im kompakten Hg haben, zuerst erreicht sein müsse, ehe die metallische Leitfähigkeit der Schicht auftritt. Da beim Aufdampfen auf einen bis nahe an den absoluten Nullpunkt heran gekühlten Träger die Atome jedoch in der dem Aufdampfvorgang eigenen statistischen Verteilung haften bleiben und damit

---

einen Strukturzustand ergeben, der unbedingt lockerer ist als der des kompakten Metalles und das Gefüge außerdem noch durch Einflüsse sterischer Bedingungen der Trägeroberfläche und Wirkungen der sehr nahe beieinander liegenden Eigengrenzschichten weiter aufgelockert sein kann und wird, erscheint es durchaus möglich, daß dünnste Hg-Schichten, ganz im Gegensatz zu Alkalischichten, bis zu relativ großer Dicke gar keine metallische Leitfähigkeit haben, weil im Sinne des Herzfeldschen Kriteriums noch keine freien Elektronen vorhanden sind.

Die neuesten, unter einwandfreien und saubersten Bedingungen erzielten Ergebnisse über den Verlauf der metallischen Leitfähigkeit dünnster Alkali-[1] bzw. Quecksilberschichten[2] auf tiefgekühlten Trägern, sind nun in bestem Einklang mit diesen Folgerungen aus dem Herzfeldschen Kriterium.

Das zur Herstellung der Hg-Schichten durch Aufdampfen im höchsten Vakuum auf die tiefgekühlte Trägeroberfläche und zur Messung des Widerstandes wie auch der Supraleitung derselben benützte Rohr ist in Abb. 38 gezeichnet. Der vom Atomstrahlofen kommende und zum Träger hin gerichtete Atomstrahl wird durch die Blenden begrenzt, von denen die eine mittels eines magnetisch von außen bewegten Kügelchens nach Wunsch geschlossen oder geöffnet werden kann. Das in H eingefüllte flüssige Helium wird durch einen zweiten mit flüssiger Luft gefüllten Kühlmantel K vor schnellem Verdampfen geschützt. Die unmittelbar an die Hochvakuumpumpen angeschmolzene Hartglaszelle, in der es fast keine Metallteile gibt, ermöglicht höchste Reinigung und Entgasung. Die Versuchszelle für die Messungen an Alkalischichten war grundsätzlich gleich gebaut.

Abb. 39 zeigt den spezifischen Widerstand von Cs-Schichten auf tiefgekühltem Hartglas in Abhängigkeit von der Schichtdicke. Metallische Leitfähigkeit der Cs-Schicht beginnt bei einer Bedeckung von 0,1, also lange bevor sich eine einzige vollständige Atomlage ausgebildet hat und zwar bei einer mittleren Entfernung der Cs-Atome in der monoatomaren Schicht, die etwa das Dreifache der normalen Entfernung der Cs-Atome im normalen Gitter ist. In einem sehr engen Dickebereich nimmt dann diese metallische Leitfähigkeit

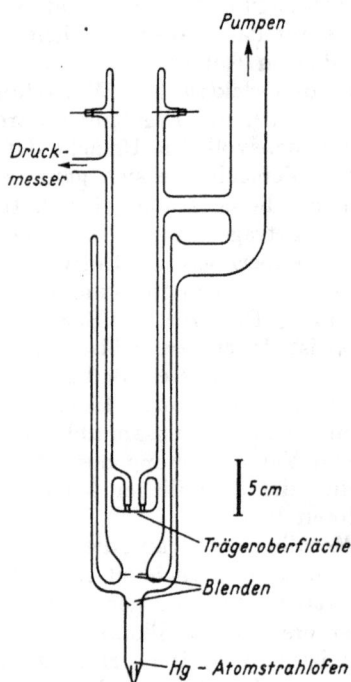

Abb. 38.

Hartglasrohr zur Herstellung von Hg-Schichten durch Aufdampfen und zur Messung des Widerstandes und der Supraleitung derselben (nach Appleyard, Bristow usw.).

[Labels im Bild: Pumpen; Druck-messer; 5 cm; Trägeroberfläche; Blenden; Hg – Atomstrahlofen]

---

[1] Appleyard, E. T. S., und Lovell, A. C. B.; Proc. Roy. Soc. L. (A) 158, 718, 1937. — Lovell, A. C. B.; Proc. Roy. Soc. L. (A) 157, 311, 1936 und 166, 270, 1938.

[2] Appleyard, E. T. S., und Bristov, J. R.; Proc. Roy. Soc. L. (A) 172, 530 und 540, 1939.

sehr schnell zu, worauf von etwa 30 Å ($\sim$ 7 Atomlagen) Dicke ab ein Bereich schwächerer Zunahme folgt. Bei einer Dicke von nur drei bis vier Atomlagen ist schon eine ziemlich hohe metallische Leitfähigkeit vorhanden, die von etwa 100 Å ($\sim$ 23 Atomlagen) an sich kaum mehr ändert und sich nur sehr wenig von der des massiven kompakten Cs-Metalles unterscheidet.

Ganz anders dagegen im Falle des Hg, das bei noch tieferen Trägertemperaturen (4,2° abs) aufgedampft wurde. Abb. 40 zeigt, daß hier erst von einer Schichtdicke von 15 Atomlagen ($\sim$ 45 Å) metallische Leitfähigkeit beginnt. Da bei so tiefen Temperaturen eine Oberflächenwanderung der aufgedampften Hg-Atome und, daraus resultierend, Bildung einzelner isolierter Häufchen

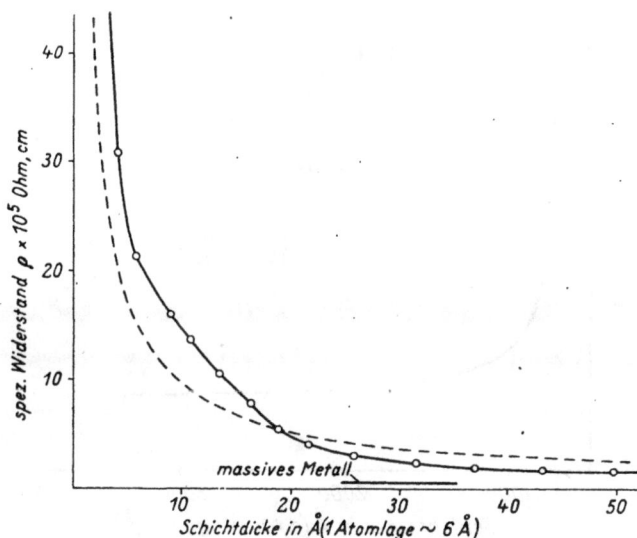

Abb. 39.

Spezifischer Widerstand von Cs-Schichten auf tiefgekühltem Hartglas in Abhängigkeit von der Schichtdicke (64° abs); — theor. nach Thomson berechnet (nach Appleyard und Lovell).

nicht angenommen werden kann, schließen Appleyard und Bristov, daß das Hg bis zu dieser Schichtdicke in einem nicht leitenden (amorphen) Zustand vorhanden ist.

Diese kurz geschilderten Ergebnisse an Alkalischichten einerseits, Quecksilberschichten andererseits, als den Vertretern der beiden in bezug auf die Herzfeldsche Bedingung extremen Gruppen ausgesprochener Metalle, werden nun durch neueste Beobachtungen an dünnen Schichten anderer Metalle gestützt und ergänzt. Nach Reinders und Hamburger[1] werden die zur ersten Gruppe gehörigen Metalle Wolfram und Silber, und nach de Boer und Kraak[2] auch Molybdän, schon in einer Schichtdicke von einer Atomlage leitend, jedoch reichte die Genauigkeit der Schichtdickebestimmung in diesen Fällen nicht an die heran, die im Falle der Alkalimetalle erzielbar ist.

[1] Hamburger, L. und Reinders, W.; Rec. Trav. Chim. Pays-Bas (4) 50, 441, 1931.
[2] de Boer, J. H. und Kraak, H. H.; Rec. Trav. Chim. Pays-Bas (4) 55, 941, 1936.

Umgekehrt bleibt das dem Hg nahestehende Tl nach Bristov[1] bis zu Schichtdicken von fünf Atomlagen nichtleitend. Auch Gold, das nach den in der Tabelle gegebenen Werten zu dieser Gruppe gehört, kann nach Was[2] bis zu einer beträchtlichen, allerdings auch nicht genau gemessenen Schichtdicke in einem nichtleitenden Zustand erzeugt werden, der darüber hinaus auch amorph ist. Blei allerdings, das nach dem von Herzfeld ausgerechneten Wert von R ebenfalls zu dieser Gruppe gehören sollte, ist nach Armi[3] schon bei einer Schichtdicke von etwa zwei Atomlagen leitend. Jedoch darf nicht vergessen werden, daß die Tabellenwerte mit der Dispersionselektronenzahl 1 ausgerechnet wurden und die Herzfeldschen Überlegungen streng nur für

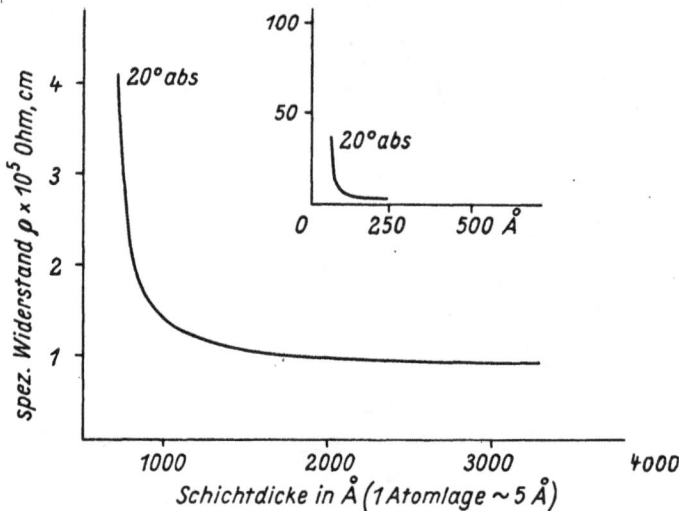

Abb. 40.

Spezifischer Widerstand von Quecksilberschichten auf tiefgekühltem Hartglas in Abhängigkeit von der Schichtdicke (20° abs) (nach Appleyard und Bristov).

isotrope Substanzen bzw. Kristalle kubischer Symmetrie gelten, so daß der genannten Berechnung in manchen Fällen ein größerer Fehler anhaften mag.

Zieht man nun außer den an Metallen mit ausgesprochen metallischem Charakter gewonnenen Ergebnissen auch Beobachtungen an weniger ausgesprochenen Metallen wie Bi, Sb, As, Te, Se u. a. heran, dann sind diese eine weitere Stütze für die aus der Herzfeldschen Bedingung gezogenen Folgerungen. Denn man ersieht aus den für diese Metalle in Tabelle III gegebenen Werten, daß bei ihnen die Bedingung $R > M/s$ schon im normalen, massiven Zustand kaum erfüllt ist. Dies bedeutet, daß diese Übergangsmetalle eine noch höhere Empfindlichkeit ihres metallischen Charakters gegenüber einer Auflockerung ihres Gefüges haben werden, als etwa Hg oder

[1] Bristov, I. R.; Proc. Phys. Soc. 51, 349, 1939.
[2] Was, D. A.; Physica 6, 382, 1938.
[3] Armi, E.; Phys. Rev. 63, 451, 1943.

Tl. Dem entspricht die experimentelle Beobachtung, daß es noch wesentlich leichter ist, diese Metalle in dünnen Schichten in einem nichtleitenden Zustand zu erzeugen und zu erhalten. Nach Suhrmann und Bernd[1] kann man As durch Aufdampfen im höchsten Vakuum auf gekühlte Träger in einem nichtleitenden Zustand erhalten; gleiches ist wiederholt an Sb beobachtet worden[2], wobei man bis zu beträchtlicher Schichtdicke fortschreiten kann und von Bi kann man auf diese Weise nichtleitende und amorphe Schichten bis nahezu 1 mm Schichtdicke erhalten[3].

Die Gesamtheit dieser experimentellen, unter einwandfreien Bedingungen durchgeführten Beobachtungen entspricht also durchaus den Erwartungen, die man an die Herzfeldsche Bedingung für das Auftreten freier Elektronen knüpfen kann. Damit ist offenbar auch der Nachweis erbracht, daß die experimentelle Methodik dünner und dünnster Schichten es gestattet, in kontinuierlicher Folge die Zwischenzustände zwischen isoliertem Metallatom und Metallatom im Gitterverband des eigenen Kristallgitters herzustellen und zu erforschen. Die hier erwähnten neuesten Widerstandsmessungen oder die an anderer Stelle behandelten Strukturbeobachtungen von König[4] an dünnen Schichten sind als sehr erfolgreiche erste Schritte auf diesem Forschungswege zu werten.

Die Ergebnisse dieser ersten Schritte ermöglichen es schon, die durch eine Hypothese von Kramer[5] und Zahn im Jahre 1932 aufgeworfene Frage, ob alle Metalle unterhalb einer bestimmten Temperatur auch in einem nichtleitenden, amorphen Zustand herstellbar und existenzfähig sind, zu beantworten. Kramer und Zahn waren durch die Ergebnisse eigener und fremder Widerstandsmessungen an dünnen Schichten zu dieser alle Metalle umfassenden Aussage gekommen. Jedoch waren alle diese Widerstandsmessungen nicht einwandfrei, weil die Schichten nicht nur aus Metallatomen, sondern auch einer großen Zahl von beim Herstellungsprozeß mit eingebauten Fremdatomen, vor allem Gasatomen, bestanden. Die durch die Hypothese von Kramer und Zahn aufgeworfene Frage, die für jede Theorie der Struktur der Festkörper schlechthin, der Metalle im besonderen, von grundsätzlicher Bedeutung ist, ist in der Folgezeit oft Gegenstand von kritischen Erörterungen gewesen und hat zu zahlreichen Experimentaluntersuchungen geführt[6]. Sowohl die Ergebnisse der Leitfähigkeitsmessungen an dünnsten Alkalischichten als auch die theoretische Bedingung von Herzfeld zeigen eindeutig, daß die Aussage, es sei grundsätzlich möglich, unter geeigneten Bedingungen alle Metalle in einem nichtleitenden, festen Zustand herzustellen, in dieser umfassenden Weise nicht aufrechterhalten werden kann. Davon zu trennen ist jedoch die Frage nach einem amorphen Zustand der Metalle, der in der erwähnten Hypothese mit dem nichtleitenden Zustand aufs engste gekoppelt ist. Sofern

[1] Suhrmann, R., und Bernd, W.; Z. Phys. 115, 17, 1940.

[2] Muhrmann, H.; Z. Phys. 54, 741, 1929.

[3] Kapitza, P.; Proc. Roy. Soc. L. (A) 119, 358 und 387 und 401, 1928.

[4] König, H.; siehe Abschn. II.

[5] Kramer, J. und Zahn, H.; Naturw. 20, 792, 1932; Zahn, H., und Kramer, J.; Z. Phys. 86, 413, 1933; Kramer, J.; Ann. d. Phys. (5), 19, 37, 1934; Z. Phys. 106, 675 und 692, 1937; 111, 409 und 423, 1938.

[6] Vollständiges Schrifttum und umfassende kritische Übersicht dazu in H. Mayer, Ph. d. Sch. Bd. II.

man unter amorph[1] einen durch völlig regellose Anordnung der Metallatome gekennzeichneten Zustand versteht, erscheint es nach den hier und in anderen Abschnitten mitgeteilten Beobachtungen an dünnen Metallschichten durchaus wahrscheinlich, daß bei genügend tiefer Temperatur des Trägers durch Aufdampfen im Vakuum ein solcher Zustand von allen Metallen herzustellen ist und aufrechterhalten werden kann. Der experimentelle Nachweis für die Metalle mit ausgesprochen metallischem Charakter ist allerdings mit Ausnahme von Gold noch zu erbringen, da der negative Ausfall der letzten umfassenden Untersuchung dieser Frage durch Richter[2] in bezug auf diese Metalle wohl darauf zurückzuführen ist, daß der Träger, auf dem die Metallatome kondensierten, nicht bis zu genügend tiefen Temperaturen gekühlt war.

[1] Der Begriff „amorph" wird hier in weitergehendem Sinn als von Glocker und Hendus (Z. Elektrochem. 48, 327, 1924) gebraucht und bedeutet danach den vollkommenen Gegensatz zu kristallin, also eine völlig regellose Anordnung der Metallatome nach Art eines einatomigen Gases. Glocker und Hendus erscheint es zweckmäßig, unter amorph eine Atomverteilung im festen Stoff zu verstehen, die wohl noch einen gewissen Ordnungsgrad (Nahordnung) aufweist, wie etwa in einer Flüssigkeit, die aber nicht durch periodische Wiederholung einer Struktureinheit (Fernordnung) dargestellt werden kann.

[2] Richter, H.; Z. Phys. 44, 406 und 456, 1943.

V. DIE WEISS-HEISENBERGSCHEN ELEMENTARBEREICHE FERROMAGNETISCHER KÖRPER

Die Entwicklung der experimentellen Methodik dünner Schichten bekam ihre ersten entscheidenden Anstöße um die Mitte des vorigen Jahrhunderts und zwar fast gleichzeitig in verschiedenen Gebieten der Physik. Auch eine der ersten Arbeiten im Gebiet des Magnetismus fällt in jene Zeit und es ist dabei bezeichnend, daß schon in der Fragestellung einer der charakteristischsten Wesenszüge dieser Methodik, nämlich die Möglichkeit, mit ihr an das einem makroskopischen Phänomen zugrunde liegende submikroskopische oder molekulare Grundphänomen heranzukommen, deutlich hervortritt. Es war Beetz[1], der in einer 1860 erschienenen Arbeit die damals gerade zur Erörterung stehende Frage experimentell zu entscheiden versucht, ob es sich bei den inneren Vorgängen, welche die Magnetisierung bedingen, entweder

a) um eine Scheidung der beiden Magnetismen handelt, welche im Innern in bestimmter endlicher Menge vorhanden sind (Hypothese von Coulomb und Poisson, 1820), oder aber

b) um eine Bewegung materieller Moleküle in dem Sinne, daß diese wegen der sie stets umkreisenden Molekularströme als Molekularmagnete zu betrachten sind (Hypothese von Ampère, 1821).

Der Grundgedanke der experimentellen Durchführung ist dabei der, solche Molekularmagnete zuerst jeden für sich in einem richtenden Magnetfeld auszurichten und so gerichtet Molekül neben Molekül in dünner Schicht niederzuschlagen, um auf diese Weise einen vollkommen gesättigten Magneten zu erhalten. Niedergeschlagen werden Eisenatome auf elektrolytischem Wege.

Nahezu ein Jahrhundert später sehen wir die experimentelle Physik in der erfolgreichen Arbeit von König[2] über „die kleinsten ferromagnetischen Elementarbereiche des Eisens" wieder zu dem der makroskopischen Erscheinung des Ferromagnetismus zugrunde liegenden Elementarphänomen zurückkehren; dies allerdings auf ungleich höherer Ebene, entsprechend der in der Zwischenzeit von fast einem Jahrhundert durchlaufenen theoretischen und experimentellen Fortentwicklung der Anschauungen über den Ferromagnetismus.

Diese Entwicklung schließt vor allem die Erkenntnis von P. Weiß (1907) in sich, daß innerhalb kleiner oder kleinster Elementarbereiche in einem ferromagnetischen Körper unterhalb der Curietemperatur eine spontane Magnetisierung vorhanden sein müsse, die durch ein inneres Feld hervorgerufen wird, das der Magnetisierung selbst proportional ist. Ohne äußeres Feld haben die Magnetisierungsvektoren aller dieser Elementarbereiche alle möglichen Richtungen, daher tritt nach außen kein wirksames, magnetisches

---

[1] Beetz, W.; Pogg. Ann. 111, 107, 1860.
[2] König, H.; Naturwiss. 33, 71, 1946 und Optik 3, 101, 1948.

Moment auf. Erst bei Anlegung eines äußeren Feldes werden die Elementarbereiche in Feldrichtung gedreht und zwar bei zunehmender Feldstärke in
steigendem Maße. Heisenberg ist es dann gelungen (1928), das Vorhandensein
des inneren Feldes als Folge einer Austauschwechselwirkung zwischen be-
nachbarten Bausteinen eines ferromagnetischen Körpers wellenmechanisch
zu deuten. Diese Austauschwechselwirkung hat zur Folge, daß die Spins der
Elektronen dieser Bausteine parallel gerichtet werden.

Experimentell ist mit dieser Theorie von Weiß und Heisenberg die Frage
nach der Größe dieser Elementarbereiche als Grundproblem gestellt. Daß es
nicht Einzelatome sind, ist klar, denn diese haben nur ein paramagnetisches
Moment; typische ferromagnetische Eigenschaften aber, wie besonders das
Verschwinden derselben bei einer bestimmten Temperatur, der Curietemperatur, sind nur aus der Tatsache einer Wechselwirkung zwischen nahe be-
nachbarten Atomen zu verstehen. Die Frage nach der Größe der ferromagnetischen Elementarbereiche ist aber gleichwertig mit der Frage, wieviele
solcher benachbarter Atome mindestens notwendig sind, damit diese Wechselwirkung in Erscheinung treten kann. Da diese Atome ferner in der Ordnung
eines Raumgitters stehen müssen, kann man die Frage mit König auch so
formulieren: Bei welcher Kristallgröße findet der Übergang vom paramagne-
tischen in den ferromagnetischen Zustand statt.

Es gibt verschiedene Wege zur unmittelbaren experimentellen Beantwortung dieser Frage[1]. König wählt den Weg über die dünne Schicht. Denn es
ist ja, wie auch an anderen Stellen besonders hervorgehoben wird, einer der
charakteristischen Wesenszüge dieser Methode, daß sie es ermöglicht — zumindest im zweidimensionalen — alle Zwischenzustände zwischen isoliertem
Einzelatom und Atom im normalen Kristallgitterverband willkürlich herzustellen und in ihren Eigenschaften zu untersuchen. Erzeugt man eine solche
dünne Schicht durch langsames, jederzeit unterbrechbares Aufdampfen im
Vakuum, so sitzen in den ersten Stadien dieser Schichterzeugung einzelne
aufgedampfte Atome, statistisch verteilt, in relativ großen mittleren Abständen auf der Trägeroberfläche. Diese Abstände verringern sich bei Fort-
setzung des Aufdampfens, die Zahl naher und nächster Nachbarn eines Atoms
wächst, wird schließlich der einer Elementarzelle des Gitters gleich und
nachher größer. Die wechselseitige Ordnung der Atome wird dabei hauptsächlich durch die Temperatur des Trägers bestimmt; ist diese so tief, daß
weder für Einschwingvorgänge noch für Platzwechselvorgänge die nötige
thermische Energie zur Verfügung steht, so bleiben die Atome im wesentlichen in ihren durch den statistischen Charakter des Aufdampfvorganges
bestimmten, ungeordneten Lagen; ein Kristallgitter kann sich nicht oder nur
in kleinsten Bereichen ausbilden. Bei etwas höherer Temperatur des Trägers
werden in der Regel zuerst die Einschwingvorgänge[2] möglich, die Atome
treten in Bereichen wachsender Größe in die dem Kristallgitter entsprechende
Ordnung. Hier bietet die experimentelle Technik der dünnen Schicht somit
die Möglichkeit, vom Einzelatom ausgehend immer größere Bereiche mit
Kristallgitterordnung willkürlich aufzubauen und es ist nun klar, daß, wenn
das Auftreten des Ferromagnetismus an eine Mindestgröße dieser Bereiche

---

[1] Einen kurzen Überblick findet man in der genannten Veröffentlichung von König.
[2] Siehe Abschn. I. 2.

gebunden ist, ferromagnetische Eigenschaften der Schicht erst von einem bestimmten Entwicklungsstadium derselben und erst von einer bestimmten Schichtdicke an auftreten können. Gelingt es, mit einer der gebräuchlichen Methoden der Röntgen- oder Elektronenstrahlbeugung die Größe der schon zu kleinsten Kriställchen geordneten Bereiche zu bestimmen, dann ist die hier zur Erörterung stehende Frage experimentell gelöst, vorausgesetzt, daß Kristallgröße und Elementarbereich identifiziert werden dürfen. König hält bei dünnen Schichten diese Voraussetzung für erfüllt.

Die Abb. 41 zeigt die benutzte Versuchsanordnung. Die Eisenatome werden im Hochvakuum von einem Wolframglühdraht *We* her auf einen elektronen-

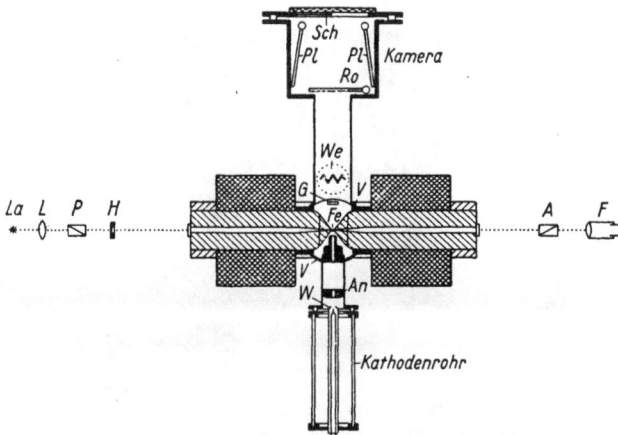

Abb. 41.

Versuchsanordnung zur Bestimmung der kleinsten ferromagnetischen Elementarbereiche des Eisens mit Hilfe der Methode dünner Schichten (nach König).

durchlässigen Träger, ein Kollodium- oder Aluminiumoxydhäutchen aufgedampft, das sich zwischen den durchbohrten Polschuhen eines Magneten befindet. Durch geeignete Einrichtung kann der Träger und mit ihm die Eisenschicht im Vakuum sowohl während der Aufdampfens als auch nach Beendigung desselben mit flüssiger Luft gekühlt oder aber auf einige 100° C erwärmt werden.

Zur Bestimmung der Kristallgröße in der Schicht kann diese mit Elektronenstrahlen durchstrahlt werden. Die Elektronen kommen von einem Haarnadelglühdraht, werden mit einer an die Anode *A* angelegten Spannung auf die gewünschte Geschwindigkeit gebracht und fallen nachdem Durchgang durch geeignet angebrachte Blenden als sehr feiner Strahl auf die Eisenschicht. Das Beugungsbild wird entweder auf dem Leuchtschirm *Sch* unmittelbar beobachtet oder auf Platten *Pl* aufgenommen, die in den Strahlengang hineinklappbar sind.

Die Größe der Kriställchen wird nach Scherrer[1] aus der Halbwertsbreite der Elektroneninterferenzringe bestimmt. Die Abb. 42a und b zeigen zwei

[1] Scherrer, P.; Göttinger Nachr. 1918, S. 98.

Beugungsbilder, von denen (a) von einer Schicht stammt, die auf einem auf Zimmertemperatur befindlichen Träger aufgedampft wurde, (b) von einer durch schnelles Aufdampfen auf einen auf 300° C erwärmten Träger erzeugten Schicht. Die scharfen Beugungsringe im letzteren Falle zeigen deutlich, daß die Schicht zur Gänze kristallin ist; die Kriställchen sind dabei schon so groß, daß sie im Übermikroskop sichtbar gemacht und ausgemessen werden können, man erhält Größen von einigen Hundert Å. Demgegenüber zeigen die stark verbreiterten Beugungsringe im ersten Falle, daß der Ordnungszustand in der Schicht noch gering und die Kriställchen im allgemeinen noch sehr klein sein müssen.

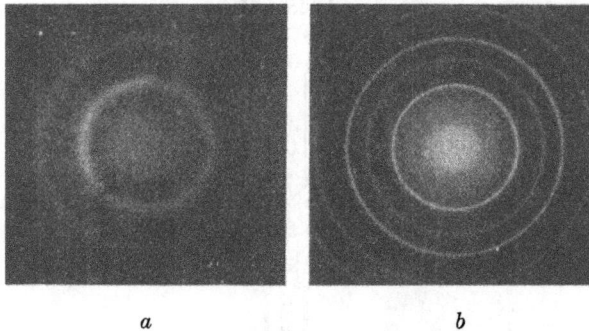

a   b

Abb. 42.

Elektronenbeugungsaufnahmen einer auf kalter (a) und heißer (b) Unterlage kondensierten Eisenschicht (nach König).

Die in Abb. 41 skizzierte optische Einrichtung La-L-P-H-A-F mit sehr empfindlichem Halbschatten dient dazu, den ferromagnetischen Zustand der Schichten mittels des Faraday-Effektes, d. h. Drehung der Polarisationsebene des durch die Schichten durchgehenden Lichtes im Magnetfeld zu bestimmen. Daß auch dünne Schichten aus ferromagnetischem Metall den Faraday-Effekt zeigen, wurde zum ersten Mal von Kundt[1] beobachtet; er wies dabei auch nach, daß der Drehwinkel sowohl der Schichtdicke als auch der Magnetisierung der Schicht proportional ist (Kundtsches Gesetz), was auch von König erneut quantitativ für seine Schichten bestätigt wurde.

Dampft man nun die Eisenschicht auf den mit flüssiger Luft gekühlten Träger, so ist unterhalb einer bestimmten Schichtdicke überhaupt kein Faraday-Effekt zu beobachten. Dies bedeutet, daß der Ordnungszustand in der Schicht selbst innerhalb kleinster Bereiche so gering ist, daß Teilchen oder Kriställchen von der Größe der gesuchten kleinsten ferromagnetischen Elementarbereiche noch nicht vorhanden sind. Erwärmt man jedoch solche Schichten langsam im Vakuum, etwa einfach dadurch, daß man die flüssige Luft verdampfen läßt, dann tritt schließlich Drehung der Polarisationsebene auf und nimmt zu. Man kann entsprechend den obigen Überlegungen den

---

[1] Kundt, A.; Wie. Ann. 23, 228, 1884 und 27, 191, 1886.

Schichtzustand, bei dem man erste meßbare Drehung feststellen kann, als jenen bezeichnen, in dem die Größe der wachsenden Ordnungsbereiche gerade die kleinste Größe, die für einen ferromagnetischen Elementarbereich nötig ist, erreicht. Ermittelt man in diesem Zustand die mittlere Kristallgröße in der Schicht aus ihrem Elektronenbeugungsbild, so ist damit auch die mittlere Größe der Elementarbereiche, bei der Ferromagnetismus gerade beginnt, gefunden.

König faßt das Ergebnis von Messungen, die unter Berücksichtigung aller Vorsichtsmaßnahmen an 20 verschiedenen Eisenschichten durchgeführt wurden, dahin zusammen, daß die kleinste mittlere Kristallgröße, bei der eine eben meßbare Drehung der Polarisationsebene beginnt, 10—12 Å ist und zieht daraus den Schluß, daß die Kantenlänge der Weiß-Heisenbergschen Elementarbereiche des Ferromagnetismus 10—12 Å beträgt. Da die Gitterkonstante des Fe $a = 2,86$ Å beträgt, umfaßt diese Länge rund vier solcher Elementarlängen, das Volumen eines Weiß-Heisenbergschen ferromagnetischen Elementarbereiches umfaßt also 64 Elementarzellen des Raumgitters.

VI. SUPRALEITUNG UND DÜNNE SCHICHT

1. Supraleitungskeime

Mit der experimentellen Methodik dünner Schichten hat König in seinen, im vorhergehenden Abschnitt beschriebenen Untersuchungen der Frage, von welcher kleinsten Dicke ab eine dünne Eisenschicht ferromagnetische Eigenschaften zu zeigen beginnt, zum ersten Mal unmittelbar und quantitativ die Größe der Weiß-Heisenbergschen Elementarzellen des Ferromagnetismus

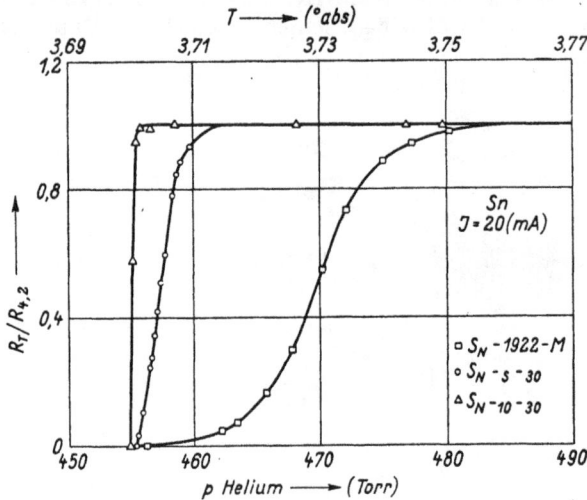

Abb. 43.

Sprungkurven verschieden reiner polykristalliner und einkristalliner Sn-Proben nach de Haas und Voogd[1]. Ordinate: Widerstandsverhältnis $R_T/R_{4,2}$; Abszisse unten: He-Siededruck p (Torr), oben: Siedetemperatur T^0 abs. Links: Reiner Einkristall Sn 10—30; Mitte: reinster grobkristalliner Draht Sn 5—30; rechts: älterer polykristalliner Draht Sn 1922, M. von Tuyn und Onnes (nach Justi).

bestimmen können. Damit wurde eine wichtige Grundfrage dieses physikalischen Erscheinungsgebietes beantwortet. Man kann diese Weiß-Heisenbergschen Elementarbereiche auch als die Keime des Ferromagnetismus bezeichnen.

Die auf Meißner und Ochsenfeld[2] zurückgehende Entdeckung, daß ein Magnetfeld aus einem Supraleiter hinausgedrängt wird, hat gezeigt, daß es sich bei der Supraleitfähigkeit sehr wahrscheinlich nicht so sehr um ein Problem des Leitungsmechanismus, als vielmehr um ein magnetisches Problem und zwar

[1] de Haas, W. J., und Voogd, J.; Comm. Leiden Nr. 214c, 1931.

[2] Meißner, W., und Ochsenfeld, R.; Naturwiss. 21, 787, 1933; Meißner, W.; Phys. Z. 35, 931, 1934; ZS. techn. Phys. 15, 507, 1934.

das des Diamagnetismus kleinerer oder größerer Atomkomplexe handelt, der durch abschirmende Elektronenbewegungen verursacht wird. In seiner neuesten Theorie der Supraleitung hat nun Heisenberg[1] dem Begriff solcher kleiner und vielleicht kleinster diamagnetischer Atomkomplexe als „Supra-leitungs-Keime" durch seine Aussage eine besondere Bedeutung gegeben, daß diese Keime bei der Supraleitung „eine ähnliche Rolle spielen werden, wie die Weißschen Bezirke beim Ferromagneten".

Der Begriff supraleitender Mikrobereiche war jedoch schon früher in den Erklärungsversuchen zu anderen experimentellen Beobachtungen aufgetaucht. Diese Beobachtungen bezogen sich darauf, daß der Übergang von der Normal- zur Supraleitung nur bei äußerst reinen, in ihrer Struktur dem Einkristall nahestehenden Metallproben ganz plötzlich und unstetig erfolgt, daß aber bei geringem Reinheitsgrad und polykristalliner Struktur ein breiteres Übergangsgebiet und zum Teil Hystereseerscheinungen auftreten. Man ersieht dies aus den in Abb. 43 dargestellten Sprungkurven verschieden reiner ein-kristalliner und polykristalliner Sn-Proben. Die experimentellen Erfahrungen zeigen darüber hinaus, daß die Unstetigkeit des Überganges auch an die Erfüllung zweier anderer Bedingungen geknüpft ist, nämlich die eines ver-schwindenden Belastungs-(Meß-)Stromes und die eines verschwindenden äußeren Magnetfeldes.

Sind alle diese Bedingungen nicht erfüllt, so gibt es ein mehr oder weniger breites Übergangsgebiet zwischen dem Zustand der Normal- und dem der Supraleitung. De Haas und Guinau[2] und gleichzeitig auch London[3] deuteten das Auftreten dieses Zwischenzustandes dahin, daß in diesem Übergangsgebiet gleichzeitig sowohl normal- als auch supraleitende Mikrobereiche vorhanden sind. Justi[4] glaubt die Existenz dieser Mikrobereiche unmittelbar experimentell nachgewiesen zu haben. Noch eindrucksvoller aber weisen seine Beobachtun-gen[5] an supraleitendem Niobiumnitrit (NbN) auf das Vorhandensein und eine hohe Persistenz von supraleitenden Keimen hin. Diese Substanz zeichnet sich durch besonders breite Hysteresisschleifen aus; ihr Sprungpunkt liegt bei 23° abs. Jedoch findet beim ersten Abkühlen der Übergang von der Nor-mal- zur Supraleitung erst dann statt, wenn das NbN bis auf 15° abs unter-kühlt wurde; sobald dies aber einmal geschehen ist, kann man die Probe nachher bis auf 112° abs erwärmen, ohne daß der Eintritt der Supraleitung bei 23° abs bei Wiederabkühlung jetzt dadurch zerstört würde. Daraus folgt in eindrucksvollster Weise, daß es selbst bis zu dieser weit über der normalen Sprungtemperatur liegenden Temperatur im normalleitenden NbN kleine Bereiche, „Keime", geben muß, die sich die Fähigkeit der Supraleitung auch weit über dem Sprungpunkt bewahren.

Erinnert man sich nun der erfolgreichen Versuche von König zur quanti-tativen Größenbestimmung der Ferromagnetismus-Keime, so zeichnet sich in den obigen Überlegungen in den Supraleitfähigkeits-Keimen nicht nur ein Grund-problem der Supraleitung ab, sondern gleichzeitig auch Möglichkeiten, dieses Problem mit der experimentellen Methodik dünner Schichten anzugreifen.

[1] Heisenberg, W.; Z. Naturforsch. 2a, 185, 1947.
[2] de Haas, W. J., und Guinau, O. A.; Physica 3, 182, 1936; Comm. Leiden Nr. 241b.
[3] London, F.; Physica 3, 450, 1936.
[4] Justi, E.; Phys. Z. 43, 130, 1942 und Ann. d. Phys. (5) 42, 84, 1942.
[5] Justi, E.; Phys. Z. 44, 469, 1943.

2. Die Eindringtiefe magnetischer Felder und der Abschirmströme

In den eben genannten Versuchen Königs erfolgte die Ermittlung der Größe der Weiß-Heisenbergschen Elementarbereiche durch Bestimmung jener Grenzdicke einer dünnen Eisenschicht, von der ab diese ferromagnetische Eigenschaften zeigt. Man kann versuchsweise annehmen, daß auch das Problem der Supraleitungs-Keime als Problem der Bestimmung einer Grenzdicke experimentell angegriffen und gelöst werden kann. Damit aber tritt überhaupt die Frage, bis zu welcher kleinsten Dicke dünne Schichten noch supraleitend zu werden vermögen, in den Vordergrund.

Eine umfassende experimentelle Antwort auf diese Frage steht noch aus; bisher liegen nur Beobachtungen für Blei und Quecksilber vor. Die Frage ist aber überhaupt nur dann sinnvoll, wenn ihr zuerst eine experimentelle Antwort auf die andere Frage vorausgegangen ist, bis zu welcher kleinsten Dicke eine Metallschicht normale metallische Leitfähigkeit zeigt. Die damit zusammenhängenden Probleme und bisher erzielten experimentellen Ergebnisse sind im Zusammenhang mit anderen physikalischen Grundfragen eingehend im Abschnitt IV behandelt, auf den hier verwiesen sei.

Die Fragen der Grenzdicke der Supraleitung dünner Schichten und die damit zusammenhängende einer eventuellen Abhängigkeit des Sprungpunktes von der Schichtdicke sind nach einer Reihe vorhergegangener Versuche anderer Forscher zum ersten Mal in systematischer und einwandfreier Weise von Shalnikow[1] einerseits und Appleyard und Mitarbeitern[2] andererseits für die Metalle Blei, Zinn und Quecksilber untersucht worden.

Shalnikow konnte zeigen, daß

a) Pb- und Sn-Schichten, die im Vakuum auf gekühltes Glas (4,2° abs) aufgedampft wurden, bis zu Dicken von 50Å (∼ 15 Atomlagen) herab supraleitend werden können und

b) wohl der Sprungpunkt nicht getemperter, also noch einen hohen Grad von Fehlordnung aufweisender Schichten vom normalen Sprungpunkt des massiven Metalles verschieden ist, im vorliegenden Falle um etwa 1° höher; daß aber nach Tempern der Schichten durch Erwärmung bis auf Zimmertemperatur der Sprungpunkt normal wird.

Appleyard und Mitarbeiter haben diese Ergebnisse für Hg-Schichten ergänzt, die bis zu Dicken von 250 Å herab supraleitend werden können; auch konnte eine Abhängigkeit des Sprungpunktes von der Schichtdicke bis hinab zu dieser Grenzdicke nicht gefunden werden, sobald die Schichten getempert waren.

Ist durch diese unter saubersten Bedingungen erhaltenen Ergebnisse auch sichergestellt, daß der Supraleitung fähige Metalle auch als dünne Schichten bis zu recht geringer Dicke diese Fähigkeit beibehalten, ohne daß eine Änderung der Sprungtemperatur eintritt, so geht aus ihnen doch noch nicht hervor, ob es eine ganz bestimmte untere Grenzdicke für den Zustand der

[1] Shalnikow, A.; Nature 142, 74, 1935; J. exp. theor. Phys. USSR; 8, 763, 1938 und 10, 630, 1940.

[2] Appleyard, E. T. S., und Misener, A. D.; Nature, 142, 474, 1938. — Appleyard, E. T. S., Bristov, J. R., und London, H.; Nature 143, 433, 1939. — Appleyard, E. T. S., Bristov, J. R., und London, H., und Misener, A. D.; Proc. Roy. Soc. London (A) 172, 540, 1939.

Supraleitfähigkeit der Metalle gibt. Jedenfalls liegen die von Shalnikow für Pb und von Appleyard und Mitarbeitern für Hg bestimmten geringsten Schichtdicken, bei denen noch Supraleitung eintrat, mit den Werten von 50 Å ($\sim$ 15 Atomlagen) für Pb und von 250 Å ($\sim$ 80 Atomlagen) für Hg viel höher als die Grenzdicken, die für den Beginn der normalen metallischen Leitfähigkeit an Schichten gleicher Metalle beobachtet wurden und zwar 7 Å ($\sim$ 2 Atomlagen) für Pb und von 50 Å ($\sim$ 15 Atomlagen) für Hg.

Die Frage der Grenzdicke ist aber keineswegs der einzige Gesichtspunkt, von dem aus der funktionelle Zusammenhang zwischen Metallschichtdicke und Supraleitfähigkeit für die Beantwortung durchaus grundlegender Fragen der letzteren von Wichtigkeit erscheint. Vielmehr gibt es zwischen Dicke einer supraleitfähigen Schicht und einer Reihe anderer fundamentaler Erscheinungen im Bereich der Supraleitfähigkeit Beziehungen, die so weit gehen, daß man mit Justi[1] sagen kann, die Supraleitfähigkeit an massiven Proben könne nicht verstanden werden ohne Studium und Erkennen der Erscheinungen an Proben, bei denen eine Dimension (dünne Schicht), zwei (dünner Draht) oder alle drei Dimensionen (kleinste Körnchen) bis weit ins submikroskopische verkleinert worden sind.

Zum leichteren Verständnis seien diese Erscheinungen hier in einer kurzen Übersicht zusammengefaßt[2]. Aus ihnen ergibt sich der zweite Problemkreis um Supraleitung und dünne Schicht, der aufs engste mit der zuerst theoretisch erschlossenen und dann experimentell nachgewiesenen Tatsache verknüpft ist, daß Ströme, die in einem Supraleiter nach Eintritt der Supraleitung eingeführt werden, nur in einer sehr dünnen Oberflächenschicht fließen. Die Eindringtiefe dieser Supraleitungs-Oberflächenströme, wie auch die Eindringtiefe der sie durch Induktion erzeugenden Magnetfelder sind charakteristische Größen in den Theorien der Supraleitung, die Ermittlung ihrer numerischen Werte daher von Wichtigkeit. Hinzu kommt, daß anomale Supraleitungserscheinungen auftreten, wenn die Dicke eines Supraleiters diese Werte der Eindringtiefe unterschreitet, und Studium und Kenntnis dieser Anomalien sind für das Verständnis der normalen Supraleifähigkeit von nicht geringerer Bedeutung.

a) Die kritischen Werte von Belastungsstrom und Magnetfeld. Schon kurz nach der Entdeckung der Supraleitfähigkeit wurde, ebenfalls von Kammerlingh-Onnes[3], gefunden, daß sowohl wachsende Belastungsströme[4] als auch äußere Magnetfelder die Sprungpunkte $T_ü$ nach tieferen Temperaturen verschieben. Man kann dies auch so formulieren, daß es bestimmte kritische Werte $\mathfrak{H}_{kr}$ des äußeren Magnetfeldes, in dem sich ein Supraleiter befindet, bzw. bestimmte kritische Werte des Belastungsstromes I_{kr} gibt, die bei einer dazugehörigen Temperatur $T \ll T_ü$ die Supraleitung vernichten. Beide Erscheinungen sind kurz darauf von Silsbee[5] als in ihrem Wesen gleichartig erkannt und dies in der nach ihm benannten Hypothese formuliert worden: „Der kritische Wert der Belastungsstromstärke I_{kr} ist gleich dem

[1] Justi, E.; Leitf. und Leitungsmech. fester Stoffe, Göttingen 1948.
[2] Einzelheiten und Schrifttum in der Darstellung von Justi, l. c.
[3] Kammerlingh-Onnes, H.; Comm. Leiden Nr. 133b und 133c, 1913; Nr. 139f, 1914.
[4] Die zur Widerstandsmessung verwendeten Gleichströme.
[5] Silsbee, F. B.; Journ. Washington Acad. Scie.; 6, 597, 1916.

Betrag, bei dem das durch ihn an der Oberfläche des Supraleiters erzeugte Magnetfeld gleich dem magnetischen Schwellwert $\mathfrak{H}_{kr}$ ist".

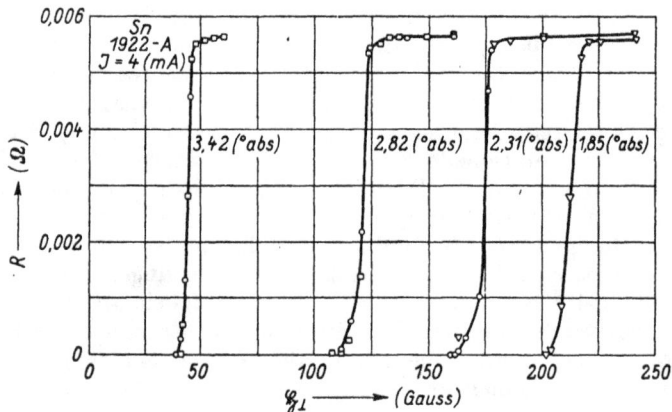

Abb. 44.

Verschiebung der Sprungkurve von polykristallinem Sn durch ein magnetisches Querfeld (nach Tuyn und Onnes[1]).

In Abb. 44 und 45 ist diese Verschiebung des Sprungpunktes nach tieferen Temperaturen durch steigende magnetische Felder für Sn, bzw. durch steigende Belastungsströme für Hg gezeigt.

b) Die Stromverzweigung in Supraleitern. Da in einem Supraleiter der Ohmsche Widerstand praktisch gleich Null ist, kann zur Beantwortung der Frage, wie sich ein Strom auf zwei oder mehrere parallel geschaltete Supraleiter verteilt, nicht die bekannte Kirchhoffsche Formel herangezogen werden. Die Frage ist theoretisch von Laue[2] beantwortet und das theoretische Ergebnis experimentell von Justi und Zickner[3] geprüft worden.

Nach Laue ist die Energie E eines Supraleiters nur magnetischer Natur und daher durch die Selbstinduktivitäten L_{11} und L_{22} der Leiter und deren Gegeninduktivität L_{12} gegeben, bei zwei parallel geschalteten Supraleitern durch

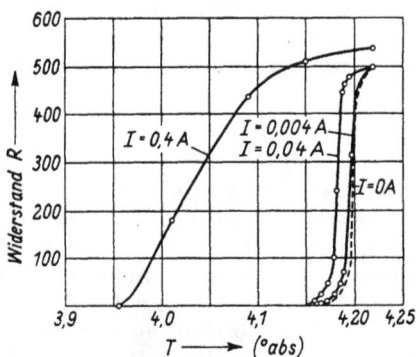

Abb. 45.

Verschiebung der Sprungkurve von Hg bei zunehmender Belastungsstromstärke.

$$E = \tfrac{1}{2} L_{11} i^2_1 - L_{12} i_1 i_2 - \tfrac{1}{2} L_{22} i^2_2) \qquad (28_2$$

[1] Tuyn, W., und Onnes, K. H.; Comm. Leiden Nr. 174a, 1925.
[2] Laue, v. M.; Sitz.-Ber. Preuß. Akad. (Phys. Math. Kl.) S. 240, 1937; Z. Phys. 181, 455, 1941; 120, 578, 1943.
[3] Justi, E., und Zickner, G.; Phys. ZS. 42, 257, 1941.

Die Ströme i_1 und i_2 verteilen sich nach einem von ihm bewiesenen Satz nun so, daß diese magnetische Energie ein Minimum wird; dies ist dann der Fall, wenn die Bedingung

$$i_1/i_2 = (L_{22} - L_{12})/(L_{11} - L_{12}) \qquad (29)$$

erfüllt ist, die somit das gesuchte Verzweigungsverhältnis gibt.

Laue[1] konnte auch zeigen, daß aus der experimentell durch Justi und Zickner als richtig nachgewiesenen Verzweigungsformel die wichtige Folgerung gezogen werden muß, daß ein nach Eintritt der Supraleitung in dem Leiter erzeugter Strom in diesem nicht den ganzen Querschnitt ausfüllen, sondern nur als Oberflächenstrom fließen kann. Es liegt also eine dem Skin-Effekt ähnliche Erscheinung vor, die qualitativ aus der Rolle, die die Induktivität, wie eben gezeigt, bei der Stromverteilung spielt, leicht verständlich ist. Da jedoch jeder Strom von freien Elektronen gebildet wird, muß hierfür eine bestimmte Zahl derselben vorhanden sein; diese wieder ist an ein bestimmtes Volumen gebunden. Ein solcher Oberflächenstrom kann daher nicht als reiner Oberflächenstrom in einer unendlich dünnen Oberflächenschicht, sondern muß in einer Schicht endlicher Dicke fließen.

c) Der Abschirmeffekt. Wird ein Magnetfeld, das einen Supraleiter umgibt und das kleiner ist als der kritische Wert, geändert, so entsteht im Leiter ein Induktionsstrom, der nicht abklingt, sondern als Dauerstrom weiterfließt, da kein Ohmscher Widerstand vorhanden ist. Dieser Strom muß nach dem Induktionsgesetz gerade so stark sein, daß er die Induktionsänderung, d. h. den magnetischen Induktionsfluß im Innern des Supraleiters, aufhebt. Dieser Strom schirmt also den Supraleiter gegen das Eindringen des magnetischen Induktionsflusses ab. Mit Rücksicht auf die aus der Verzweigungsformel für Supraleiter gezogene Folgerung, daß ein nach Eintritt der Supraleitung eingeführter Strom ein Oberflächenstrom sein muß, muß angenommen werden, daß solche Abschirmströme ebenfalls nur in einer Oberflächenschicht endlicher, wenn auch sehr geringer Dicke fließen.

d) Der Meißner-Ochsenfeld-Effekt. Auch dieser Effekt führt zu der Erkenntnis, daß in Supraleitern Oberflächenströme auftreten, durch die das Innere eines Supraleiters gegen äußere Magnetfelder abgeschirmt wird.

Befindet sich ein Metall, das supraleitend werden kann, in einem äußeren Magnetfeld, etwa ein zylindrischer Draht in einem homogenen Feld wie in Abb. 46a, so gehen vor Eintritt der Supraleitung, d. h. oberhalb des Sprung-

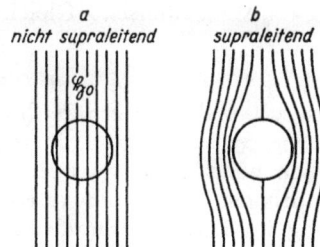

Abb. 46
Verdrängung eines Magnetfeldes aus einem Supraleiter (nach Meißner).

---

[1] Laue, v. M.; Theorie der Supraleitung, Berlin und Göttingen 1947; siehe auch Justi l. c., S. 209.

punktes die Kraftlinien des Feldes ungestört und unverzerrt durch den Draht hindurch, da die magnetische Permeabilität aller dieser Metalle sich kaum von 1 unterscheidet. Das ändert sich jedoch, wie Meißner und Ochsenfeld[1] durch Ausmessung dieses Feldes mit Probespulen fanden, sobald der Draht supraleitend geworden ist. Das Kraftlinienbild hat dann die in b gezeigte Form, die Kraftlinien sind vollkommen aus dem Leiter hinausgedrängt, die Permeabilität ist Null geworden und zwar um so vollkommener, je reiner und je einkristalliner der Draht ist.

e) Die Theorie von Becker, Heller und Sauter[2] und von London[3] und Laue[4]. Die experimentellen Ergebnisse und theoretischen Überlegungen zur Stromverzweigung in Supraleitern, zum Abschirmeffekt und Meißner-Ochsenfeld-Effekt führen alle zur Annahme von Oberflächenströmen. Elektronentheoretische Überlegungen, wie auch die Unmöglichkeit des Auftretens unendlich großer Stromdichten, führen dann zu der Annahme, daß diese Oberflächenströme in Oberflächenschichten bestimmter, sehr geringer Schichtdicke fließen müssen. Daraus erhellt unmittelbar die Beziehung, die zwischen dünner Schicht und wichtigen Grunderscheinungen der Supraleitung besteht.

Diese Beziehungen, ihre Bedeutung und der Fragenkreis der sich daraus ergibt, treten aber noch deutlicher in der von Becker und Mitarbeitern[2] erweiterten und von London[3] und Laue[4] zu einer Theorie der Supraleitung ausgebauten Maxwellschen Theorie hervor. Durch Einführung des Begriffes der Eindringtiefe kommen sie zu quantitativen Aussagen über die Dicke der Oberflächenschichten, in denen diese Oberflächenströme fließen und über die Tiefe, bis zu der Magnetfelder in Supraleiter einzudringen vermögen.

Die Anwendung der Maxwellschen Gleichungen zur Beschreibung der obengenannten Effekte, wie sie von Lippmann[5] durchgeführt wurde, führt wohl zu einem Verständnis des Auftretens der Abschirmströme. In einem Supraleiter ist ja die elektrische Leitfähigkeit unendlich gut ($\sigma = \infty$), an seiner Oberfläche bricht also jedes elektrische Feld zusammen, die tangentiale Komponente $\mathfrak{E}_t$ desselben verschwindet. Aus dieser setzt sich aber die Normal-komponente $\mathrm{rot}_n \mathfrak{E}$ des elektrischen Wirbels zusammen, die somit ebenfalls verschwindet. Mit dieser aber ist die magnetische Induktion $\mathfrak{B} = \mu \mathfrak{H}$ durch die zweite Maxwellsche Gleichung

$$\frac{d\mathfrak{B}_n}{dt} = - c \cdot \mathrm{rot}_n \mathfrak{E} \tag{30}$$

verknüpft und man erhält durch Nullsetzen von $\mathrm{rot}_n \mathfrak{E}$ und Integration das Ergebnis $\mathfrak{B}_n = \text{const}$, d. h. in einem Supraleiter kann die magnetische Induktion nicht geändert werden, ein äußeres Feld vermag also nicht in ihn einzudringen. Allerdings dürfte danach auch ein vor Eintritt der Supraleitung im Leiter vorhandenes Feld nicht mehr aus diesem heraus, müßte also einfrieren. Schon dies führt durch Widerspruch mit den im Meißner-

---

[1] Meißner, W., und Ochsenfeld, R.; Naturwiss. 21, 787, 1933. — Meißner, W.; Phys. ZS. 35, 931, 1934 oder ZS. techn. Phys. 15, 507, 1934.

[2] Becker, R., Heller, G., und Sauter, F.; ZS. Phys. 85, 772, 1933.

[3] London, F.; Une conception nouvelle de la supraconductibilité, Paris 1937.

[4] Laue, v. M.; Theorie der Supraleitung 1947; siehe auch Ann. d. Phys. 42, 65, 1942; 43, 223, 1943; Phys. ZS. 43, 274, 1942.

[5] Lippmann, G.; C. R. 168, 73, 1919.

Ochsenfeld-Effekt vorliegenden experimentellen Tatsachen zu einer großen Schwierigkeit und eine weitere kommt hinzu, wenn man berücksichtigt, daß das Ohmsche Gesetz in einem Supraleiter ja nicht gilt. Dieses Gesetz ist aber in der ersten Maxwellschen Gleichung

$$4 \pi i + \varepsilon \frac{\delta \mathfrak{E}}{\delta t} = c \operatorname{rot} \mathfrak{H} \qquad (31)$$

enthalten und fordert wegen des Verschwindens jedes Widerstandes ($\varrho = 0$) auch das Verschwinden der elektrischen Feldstärke ($\mathfrak{E} = 0$) im Supraleiter.

Daß diese Folgerung, die zu den eben genannten Schwierigkeiten führt, nur durch eine Vernachlässigung zustande kommt und daher nicht zu recht besteht, haben Becker und Mitarbeiter gezeigt. Diese Vernachlässigung besteht darin, daß man gegenüber der Energie, die infolge des Reibungswiderstandes (Ohmscher Widerstand) der Elektronen im normalen Leiter verbraucht wird, die Energie, die bei der Beschleunigung der Elektronen wegen deren endlicher Trägermasse aufzuwenden ist, nicht berücksichtigt. Man setzt also etwa in der klassischen Elektronengastheorie, indem man den Ohmschen Widerstand als Reibungswiderstand ansieht, die auf das Elektron wirkende Kraft $e \cdot \mathfrak{E}$ proportional der Geschwindigkeit v des Elektrons ($e \cdot \mathfrak{E} = k \cdot v$), während richtig zu setzen ist

$$e \cdot \mathfrak{E} = k \cdot v + m \frac{dv}{dt} \qquad (32)$$

oder nach Einführung der Stromdichte $i = N \cdot e \cdot v$ (N = Zahl der Elektronen) und des spezifischen Widerstandes $\varrho = k/e^2 \cdot N$

$$\mathfrak{E} = \varrho \cdot i + \frac{m}{e^2 N} \cdot \frac{\delta i}{\delta t} \qquad (33)$$

Aus dieser Beziehung ersieht man nun sofort, daß auch in einem Supraleiter, d. h. bei $\varrho = 0$, durchaus eine endliche elektrische Feldstärke bei Änderung der Elektronengeschwindigkeit auftritt, die gegeben ist durch

$$\mathfrak{E} = \Lambda \frac{\delta i}{\delta t} \qquad (34)$$

mit
$$\Lambda \equiv \frac{m}{e^2 \cdot N} \qquad (35)$$

Dieses Λ ist insofern eine wichtige Größe, als es die Zahl der Supraleitungselektronen enthält.

Bei Anwendung der ersten Maxwellschen Gleichung auf Supraleiter ist nun der daraus sich ergebende Wert von i einzuführen und man erhält bei Vernachlässigung des Verschiebungsstromes aus (31)

$$\frac{4 \pi}{\Lambda} \mathfrak{E} = c \operatorname{rot} \left(\frac{\delta \mathfrak{H}}{\delta t} \right) \qquad (36)$$

und aus dieser nach einigen einfachen Umformungen bei Berücksichtigung der zweiten Maxwellschen Gleichung und nach Integration die wichtige Beziehung

$$\frac{\Lambda c^2}{4 \pi} \Delta (\mathfrak{H} - \mathfrak{H}_o) = \mathfrak{H} - \mathfrak{H}_o \qquad (37)$$

Für den Fall, daß das Feld erst na ch Eintritt der Supraleitung angelegt wurde, ist $\mathfrak{H}_o = 0$ und man erhält

$$\frac{\varLambda c^2}{4\pi}\varDelta\mathfrak{H} = \mathfrak{H} \qquad (38)$$

Um zu dem Begriff der Eindringtiefe zu kommen, ist diese Beziehung nun auf einen speziellen Fall anzuwenden, als den wir mit Koch[1] den eines Zylinders wählen, der im homogenen Feld mit seiner Achse parallel zu diesem liegt. Das Feld im Innern des Zylinders kann bei dieser Lage nur in radialer Richtung r variieren. Auf diese Koordinate umgeschrieben lautet also (38)

$$\frac{\partial^2\mathfrak{H}_z}{\partial r^2} + \frac{1}{r}\frac{\partial\mathfrak{H}_z}{\partial r} - \frac{4\pi}{\varLambda c^2}\mathfrak{H}_z = 0 \qquad (39)$$

oder nach Einführung der neuen Veränderlichen

$$\alpha \equiv \beta \cdot r \qquad \beta \equiv \sqrt{\tfrac{4\pi}{\varLambda c^2}} \qquad (40)$$

$$\frac{\partial^2\mathfrak{H}_z}{\partial\alpha^2} + \frac{1}{\alpha}\frac{\partial\mathfrak{H}_z}{\partial\alpha} - \mathfrak{H}_z = 0 \qquad (41)$$

Den Wert von β kann man abschätzen, wenn man in dem Ausdruck (35) für $\varLambda$ für N versuchsweise dieselbe Zahl der Elektronen in der Volumeinheit nimmt, wie beim Normalleiter mit einem freien Elektron pro Atom, also rund 10^{23}. Dann erhält man für $1/\beta$ den Wert 10^{-5} bis 10^{-6} cm. Die Größe α wird also, wenn $r \sim 1$ ist, sehr groß, $1/\alpha$ sehr klein und der zweite Summand in der Beziehung (41) kann vernachlässigt werden. Dies ermöglicht eine einfache Integration der verbleibenden Differentialgleichung mit der Lösung

$$\mathfrak{H}_z = \mathfrak{H}_{o,z}\, e^{-\beta d} \qquad (42)$$

wo $d = R - r$ die Entfernung von der Zylinderoberfläche oder die Dicke der Oberflächenschicht ist; R ist der Radius des Zylinders. Die Feldstärke $\mathfrak{H}_z$ nimmt also von ihrem Werte $\mathfrak{H}_{o,z}$, den sie an der Zylinderoberfäche hat, exponentiell ab, wenn man ins Innere des Zylinders fortschreitet und ist schon auf den e-ten Teil gesunken, wenn $R - r = 1/\beta = 10^{-5}$ bis 10^{-6} cm ist. Das äußere Feld dringt also tatsächlich nur in eine dünne Oberflächenschicht ein. Den zu dieser Feldverteilung gehörigen Abschirmstrom, d.h. dessen Dichte i, berechnet man nun leicht aus der ersten Maxwellschen Gleichung (31) zu

$$i = -c\,\frac{\beta}{4\pi}\,\mathfrak{H}_{o,z}\, e^{-\beta d} \qquad (43)$$

es fließt also auch der Abschirmstrom nur in einer sehr dünnen Oberflächenschicht von einer Dicke d von 10^{-5} bis 10^{-6} cm.

Mit diesen Ausführungen ist aber der zweite Kreis der Fragen, die um Supraleitung und dünne Schicht bestehen, schon genügend gekennzeichnet. Es soll daher unterlassen werden, zu zeigen, wie London durch seine Hypothese, daß die Beziehung (38) auch dann gelten soll, wenn schon v o r Eintritt der Supraleitung ein magnetisches Feld bestand ($\mathfrak{H}_o \pm 0$) den Widerspruch mit den Aussagen des Meißner-Ochsenfeld-Effektes, zu dem auch die Theorie von Becker ebenso führte wie die von Lippmann, beseitigen konnte und wie diese Theorie schließlich von Laue ausgestaltet wurde.

[1] Koch, K. M.; Z. Phys. 116, 586, 1940.

Experimentell sind die Fragen, die zu diesem zweiten Fragenkreis gehören, noch kaum in Angriff genommen[1]. Sie werden vor allem dahin zielen müssen, durch Messungen, etwa an dünnen zylindrischen Schichten veränderlicher Dicke die Eindringtiefe β und damit die für die Supraleitung so charakteristische Größe Λ zu bestimmen, aus der ihrerseits wieder zufolge (35) die Zahl der an der Supraleitung beteiligten Elektronen ermittelt werden kann.

Weniger unmittelbar aus den Beziehungen (42) und (43) ersichtlich, aber nicht weniger wichtig sind die schon in einigen experimentellen Arbeiten[2]

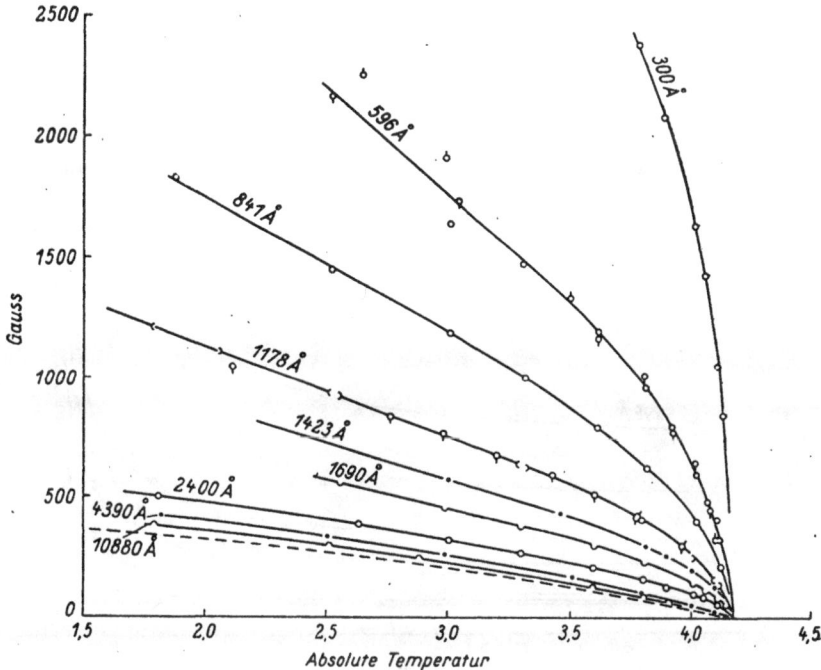

Abb. 47.

Kritische Feldstärke von Hg-Schichten verschiedener Dicke als Funktion der Temperatur (nach Appleyard u. a.).

behandelten Probleme, die sich aus der Frage ergeben, was geschieht, wenn die Dicke eines Supraleiters kleiner wird als die oben eingeführte Eindringtiefe. Ein äußeres Magnetfeld kann durch eine solche dünne supraleitende

---

[1] Eine Reihe solcher Fragen führt Koch, K. M., Z. Phys. 116, 586, 1940, an.

[2] Misener, A. D., und Wilhelm, J. O.; Trans. Roy. Soc. Canada 29 (III), 5, 1935; Misener, A. D., Smith, H. G., und Wilhelm J. O.; Trans. Roy. Soc. Canada 29 (III), 13 1935; Shalnikow, A. N.; J. exp. theor. Phys. (USSR) 8, 763, 1938; Nature 142, 74, 1938; Appleyard, E. T. S., und Misener, A. D.; Nature 142, 474, 1938; Shalnikow, A. N.; J. exp. theor. Phys. (USSR) 10, 630, 1940; Bruksch, W. F., Ziegler, W. T., Horn, F. H., und Andrews, D. H.; Phys. Rev. (2) 60, 170, 1941; Bruksch, W. F., Ziegler, W. T., Blanchard, E. R., und Andrews, D. H.; Phys. Rev. 59, 688, 1941; Lasarew, B. G., und Galkin, A. A.; C. R. Acad. Scie. USSR, 37, 91, 1942; Bruksch, W. F., und Ziegler, W. T.; Phys. Rev. 62. 348. 1942.

Schicht nicht mehr völlig abgeschirmt werden. Damit wird aber auch ein vollständiger Meißner-Effekt unmöglich, ein solcher Supraleiter ist kein vollkommen diamagnetischer Körper mehr. London und nach ihm Laue und Pomerantschuk konnten zeigen, daß dann auch die kritische Feldstärke, die zur Vernichtung der Supraleitung bei einer bestimmten Temperatur $T < T_s$ nötig ist, dickeabhängig wird und zwar mit fallender Dicke ansteigt. Ebenso wird die kritische Belastungsstromstärke dickeabhängig.

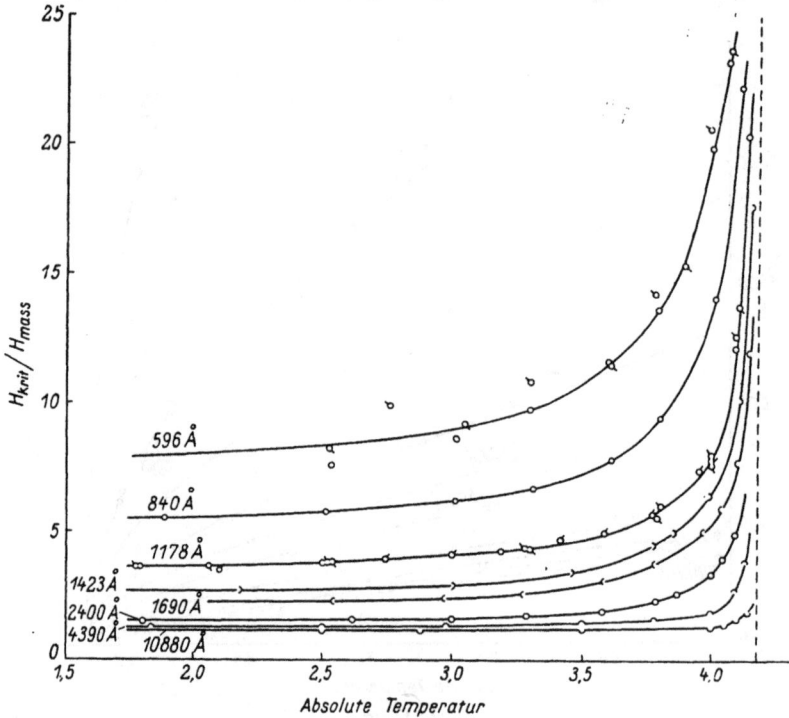

Abb. 48.
Verhältnis des kritischen Feldes der Hg-Schichten verschiedener Dicke zu dem des massiven Hg in Abhängigkeit von der Temperatur (nach Appleyard u. a.).

Diese Abhängigkeit der die Supraleitung bei einer bestimmten Temperatur vernichtenden Feldstärke von der Dicke des Supraleiters ist in den Arbeiten von Appleyard, Bristow, London und Misener[1] einerseits, von Alexejewski[2] andererseits in einwandfreier und quantitativer Weise nachgewiesen worden. Schon vorher war ihr Vorhandensein in Arbeiten von Burton, Wilhelm, Misener, Smith und Shalnikow aufgezeigt worden, jedoch war in diesen Arbeiten nicht der ganze Bereich der Schichtdicken untersucht worden, der

[1] Appleyard, E. T. S., Bristow, J. R., London, H.; Nature 143, 433, 1939; Appleyard, E. T. S., Bristow, J. R., London, H., und Misener, A. D.; Proc. Roy. Soc. London (A) 172, 540, 1939.
[2] Alexejewski, N.; J. exp. theor. Phys. (USSR) 10, 1392, 1940; J. Phys. (USSR) 4, 401, 1941.

sich von jener Schichtdicke an, bei der Supraleitung beginnt, bis zu jener erstreckt, bei der schon die Eigenschaften des massiven Metalls erreicht sind. Auch war der strukturelle Zustand der Schichten nicht klar und von daher kommende Einflüsse auf die Ergebnisse nicht mit Sicherheit zu beurteilen.

Die von Appleyard und Mitarbeitern gemessenen Werte des kritischen Feldes von Hg-Schichten verschiedener Dicke bei verschiedenen unter dem Sprungpunkt gelegenen Temperaturen sind in Abb. 47 graphisch dargestellt.

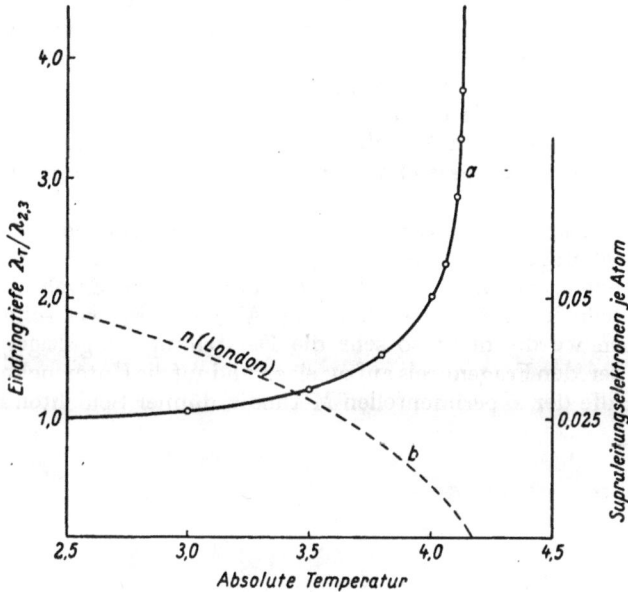

Abb. 49.

a) Änderung der Eindringtiefe eines magnetischen Feldes mit der Temperatur bei Annäherung an den Sprungpunkt; b) Änderung der „effektiven" Zahl der Supraleitungselektronen je Atom mit der Temperatur (nach Appleyard u. a.).

Die unterste, gestrichelte Kurve gibt die von Misener (1935) an massivem Hg gemessenen Werte der kritischen Feldstärke. Man erkennt, daß die an den dicksten Schichten gemessenen Werte den Werten des massiven Hg schon fast gleich sind, daß aber von einer Dicke von 2400 Å an die einer bestimmten Temperatur entsprechenden kritischen Feldwerte außerordentlich ansteigen mit abnehmender Schichtdicke und zwar relativ um so stärker, je näher die Temperatur dem normalen Sprungpunkt liegt. Dies geht noch deutlicher aus der Darstellung in Abb. 48 hervor, in der die in Einheiten des kritischen Feldes des massiven Metalles $\mathfrak{H}_m$ gemessenen kritischen Werte $\mathfrak{H}_{kr}$ der Schichten für verschiedene Dicken als Funktion der Temperatur unterhalb des normalen Sprungpunktes eingetragen sind.

Aus dem Verlauf der kritischen Feldstärke als Funktion von Dicke und Temperatur kann man nun den relativen Verlauf der Eindringtiefe als Funktion der Temperatur für eine der dickeren Schichten berechnen und erhält

das in Abb. 49 gegebene Resultat, das den Anstieg der Eindringtiefe bei
Annäherung an den normalen Sprungpunkt deutlich zeigt.

Berechnet man, wie es weiter oben geschehen ist, die Eindringtiefe β auf
Grund der Beziehungen (35) und (40) für Hg unter der Annahme, daß die
Zahl der Supraleitungselektronen gleich ist der Zahl der freien Elektronen
der Normalleitung, dann erhält man den Wert $2 \cdot 10^{-6}$ cm, während der aus
den experimentellen Ergebnissen folgende Wert um rund eine Größenordnung
größer ist. Daraus wäre dann auf Grund der Beziehungen (35 und 40) zu
schließen, daß die Zahl der Supraleitungselektronen um rund eine Größenordnung kleiner ist als die der freien Elektronen der Normalleitung; ferner daß
wegen der Zunahme der Eindringtiefe des Feldes bei Annäherung an die
Sprungtemperatur wegen (40) die Zahl der Supraleitungselektronen abnimmt
und gegen Null geht, wie es die gestrichelte Kurve in Abb. 49 zeigt.

Die Untersuchungen von Alexejewski an Sn-Schichten, die sich auch durch
die originelle Methode auszeichnen, haben die Ergebnisse an Hg-Schichten
bestätigt.

Natürlich beruhen diese Berechnungen und Folgerungen auf einer Reihe
von Voraussetzungen, die den obengenannten Theorien zugrunde liegen.
Dieser Tatsache ist bei der Beurteilung der numerischen Ergebnisse Rechnung
zu tragen. Jedoch ist der Zweck dieses Abschnittes, wie schon einleitend
hervorgehoben wurde, nicht so sehr die Darstellung endgültiger Ergebnisse,
als vielmehr der, den Fragenkreis aufzuzeigen und auf die Untersuchungsmöglich-
keiten mit Hilfe der experimentellen Methodik dünner Schichten hinzuweisen.

VII. DER ELEMENTARPROZESS
BEIM ÄUSSEREN LICHTELEKTRISCHEN EFFEKT AN METALLEN

Durch das einfache Bild, das Einstein (1905) in Anlehnung an die damals noch junge Quantenvorstellung Plancks vom äußeren lichtelektrischen Effekt an Metallen entwarf, wurde diese makroskopische physikalische Erscheinung auf den ihr zugrunde liegenden atomaren Elementarprozeß zurückgeführt. Dieser spielt sich zwischen einem Metallelektron und einem Photon der einfallenden Strahlung ab; das Elektron fängt das Photon $h\nu$ ein, absorbiert es, und der dadurch erzielte Energiegewinn mag es befähigen, die zum Austritt aus dem Metall nötige Arbeit zu leisten.

In diesem einfachen Bild fanden die beiden den äußeren lichtelektrischen Effekt an Metallen kennzeichnenden experimentellen Grundtatsachen sofort ihre Erklärung. Die eine dieser beiden Tatsachen ist bekanntlich die, daß eine für jedes Metall charakteristische Grenzfrequenz ν_g vorhanden ist; Strahlung mit kleinerer Frequenz $\nu < \nu_g$ vermag keine Lichtelektronen auszulösen. Im Bilde Einsteins wird diese Tatsache zu einer Selbstverständlichkeit, da zur Freimachung des Elektrons aus dem Metall von diesem eine bestimmte Ablöse- und Austrittsarbeit geleistet werden muß, wofür eine bestimmte Mindestenergie, oder, in der Sprache Plancks, ein bestimmtes Energiequant $h\nu_g$, eben jene Grenzenergie, aufzubringen bzw. vom Elektron zu absorbieren ist. Die zweite der beiden experimentellen Grundtatsachen ist die Unabhängigkeit der kinetischen Energie der ausgeschleuderten Elektronen von der Intensität der einfallenden Strahlung und ihre Abhängigkeit von deren Frequenz; da im Einsteinschen Bilde die Energie des Elektrons vom absorbierten Strahlungsquant $h\nu$ abhängt, ist die Abhängigkeit der kinetischen Energie der ausgeschleuderten Elektronen von der Frequenz ν evident, ebenso die Unabhängigkeit von der Intensität der Strahlung, da diese nur die Zahl der einfallenden Photonen und somit auch nur die Zahl der austretenden Elektronen, keineswegs aber deren Energie bestimmt.

Diese erfolgreiche Deutung des äußeren lichtelektrischen Effektes an Metallen durch quantentheoretische Gedankengänge war in zweierlei Hinsicht bedeutsam. Erstens war der Erfolg eine wesentliche Stütze für die damals noch sehr junge Quantentheorie, zweitens schien der lichtelektrische Effekt selbst vollständig und befriedigend erklärt.

Bald jedoch tauchten bei der theoretischen Durchführung des einfachen Grundgedankens über den Elementarprozeß die ersten Schwierigkeiten auf und zeigten an, daß das so einfache Einsteinsche Bild einer wesentlichen Ergänzung und Vertiefung bedürftig sei. So ist es u. a. bis heute nicht gelungen, ein mit der experimentellen Erfahrung zufriedenstellend übereinstimmendes theoretisches Bild für die Energieverteilung lichtelektrisch ausgelöster Elektronen herzuleiten.

Die erste dieser Schwierigkeiten lag in der Tatsache, daß ein vollkommen freies Elektron keine Strahlung zu absorbieren vermag, ohne daß der

Impulserhaltungssatz verletzt wird. Der Impuls eines Elektrons mit der Energie E ist ja $|\mathfrak{p}| = \sqrt{2mE}$; hat das Elektron das Quant $h\nu$ absorbiert, so ist seine Energie $E + h\nu$, sein Impuls also $|\mathfrak{p}'| = \sqrt{2m(E + h\nu)}$; der Impuls des Lichtquants selbst ist $h\nu/c$ und der Impulserhaltungssatz erfordert

$$|\mathfrak{p}'| \leqq |\mathfrak{p}| + \frac{h\nu}{c}$$

oder eingesetzt

$$\sqrt{2m(E + h\nu)} \leqq \sqrt{2mE} + \frac{h\nu}{c}$$

oder nach einfacher Umformung

$$\frac{h\nu}{2mc^2} + \sqrt{\frac{2E}{mc^2}} \geqq 1$$

Diese Forderung kann aber für die in Betracht kommenden Energien $h\nu \ll mc^2$, $E \ll mc^2$ unmöglich erfüllt werden.

Nach mannigfachen theoretischen Versuchen anderer[1] haben Tamm und Schubin[2] einen Weg gezeigt, der nicht nur eine Überwindung dieser grundsätzlichen Schwierigkeit ermöglicht, sondern gleichzeitig eine wesentliche Vertiefung des Einsteinschen Bildes bedeutet. Nach Tamm und Schubin sind die im klassischen Sinne freien Elektronen an das Metall als Gesamtheit gebunden und zwar in zweierlei Weise: Erstens durch die Potentialschwelle an der Metalloberfläche, an der sie normalerweise zurückgeworfen werden, zweitens durch die Potentialhügel des periodischen Potentials im Metallinnern. Durch diese Bindung tritt beim Elementarprozeß des lichtelektrischen Effekts mit seiner Impulsbilanz das Metallgitter als Ganzes als dritter Partner auf und ermöglicht die Erfüllung des Impulserhaltungssatzes, ohne die Energiebilanz zu stören, allerdings nur unter ganz bestimmten Bedingungen.

In dem von Tamm und Schubin entworfenen Bild wird der einfache Einsteinsche Elementarprozeß des lichtelektrischen Effektes an Metallen nicht nur gedanklich sondern auch räumlich in zwei voneinander unabhängige Prozesse aufgespalten; der eine derselben ist an die Potentialschwelle an der Metalloberfläche, also an diese selbst gebunden und wird daher als Oberflächeneffekt bezeichnet[3]; der andere dagegen findet im Innern des Metalls statt bis zu jener Tiefe, bis zu der eine einfallende Strahlung überhaupt einzudringen vermag; er ist ein Volumeffekt.

Beide Mechanismen der lichtelektrischen Elektronenauslösung unterscheiden sich in wesentlichen Grundeigenschaften und zwar erstens in ihrer Grenzfrequenz und zweitens in ihrer Unabhängigkeit bzw. Abhängigkeit von der Dicke des Metalles. Diese Unterschiede macht man sich am besten klar, wenn man berücksichtigt, daß selbst der einfache Einsteinsche Elementarprozeß sich aus zwei Schritten zusammensetzt, nämlich erstens der Absorption

---

[1] Wentzel, G.; Sommerfeld-Festschrift S. 79, 1928; Fröhlich, H.; Ann. d. Phys. 7, 103, 1930; siehe auch Mitchell, K.; Proc. Roy. Soc. London (A) 146, 442, 1934; 153, 513, 1936.

[2] Tamm, Ig., und Schubin, S.; Z. Phys. 68, 97, 1931 und Phys. Rev. 39, 170, 1932.

[3] Wohl zu unterscheiden von den als Oberflächen- und Tiefeneffekt bei der lichtelektrischen Wirkung an Misch- und Schichtkathoden bezeichneten Erscheinungen; siehe z. B. Fleischer, R., und Pech, H.; Z. Phys. 112, 242, 1939.

des Photons $h\nu$ durch das Elektron und zweitens dem darauffolgenden Austritt des Elektrons aus der Metalloberfläche, dem im allgemeinen eine Bewegung des Elektrons aus dem Metallinnern gegen diese hin vorausgegangen sein mag.

Tritt der erste Mechanismus des Elementarprozesses ein, nämlich der des Oberflächeneffektes, dann findet der Absorptionsakt an der äußeren Oberfläche statt, dort, wo die Potentialschwelle liegt, d. h. in einer Entfernung von einigen 10^{-8} cm von den Mittelpunkten der die Oberfläche bildenden Atome[1], und der sich daran anschließende Akt des Elektronenaustrittes geht unmittelbar von hier aus. Dies bedeutet erstens, daß die Dicke des Metalles auf den Effekt gar keinen Einfluß hat, sofern einmal die Zahl der aus dem Metallinnern je Zeiteinheit auf die Potentialschwelle einfallenden Elektronen konstant geworden ist. Zweitens kann man zeigen[2], daß Elektronen aller Energiezustände einschließlich der Fermischen Grenzenergie die einfallenden Quanten $h\nu$ absorbieren können und die Grenzfrequenz ν_g dieses Oberflächeneffektes daher durch die zur Leistung der Austrittsarbeit nötige normale Grenzenergie $h\nu_g$ gegeben ist. Allerdings kann natürlich nur die zur Potentialschwelle, d. h. zur Oberfläche senkrechte Komponente des Lichtvektors absorbiert werden, die parallelen jedoch nicht, weil ja kein Impulsaustausch zwischen Oberfläche und mit ihr parallelen Impulskomponenten möglich ist. Im Oberflächeneffekt kann also nur Licht, das in der Einfallsebene polarisiert ist, absorbiert werden.

Beim zweiten Mechanismus, dem des Volumeffektes, erfolgt sowohl der Absorptionsakt im Metallinnern, als auch muß dem Elektronenaustritt aus der Oberfläche eine vom Absorptionsort bis zu dieser hingerichtete Bewegung des Elektrons vorausgehen. Der Absorptionsakt ist in diesem Falle an eine Auswahlregel gebunden und zwar die, daß der Elektronzustand vor und nach der Absorption des Strahlungsquants $h\nu$ die gleiche reduzierte Wellenzahl k haben müssen[3]. Soll das Elektron austreten, so muß sein Energiezustand nach der Absorption zumindest die Höhe des Potentialwalles an der Metalloberfläche haben und nur wenn es Elektronenzustände mit der Fermi-Grenzenergie ζ gibt, die die gleiche Wellenzahl haben wie der der Höhe des Potentialwalles entsprechende Elektronenzustand, dann wird die Grenzenergie $h\nu_g'$ wieder der normalen Austrittsarbeit entsprechen; im allgemeinen jedoch werden es tiefere, unter der Fermi-Energie ζ liegende Elektronenzustände sein, die die gleiche reduzierte Wellenzahl haben werden, wie die der Höhe des Potentialwalles entsprechende, und die zum Elektronenaustritt aufzubringende Energie wird daher größer sein. Der Volumeffekt wird also eine andere, und zwar im allgemeinen größere Grenzfrequenz $\nu_g' \geqq \nu_g$ haben als der Oberflächeneffekt, dessen Grenzfrequenz der normalen Austrittsarbeit entspricht.

Dazu kommt aber ein weiterer Unterschied. Denn erstens nimmt die Absorption der einfallenden Strahlung im Metall mit der Metalldicke zu und die Eindringtiefe des Lichtes erstreckt sich je nach der Größe des Absorptions-

---

[1] Schottky, W.; Z. Phys. 14, 63, 1923.

[2] Siehe z. B. Fröhlich, H.; Elektronentheorie der Metalle, Berlin 1936.

[3] Fröhlich, H.; l. c.; ist p der Impuls des Elektrons, dann ist die (nichtreduzierte) Wellenzahl $K = \dfrac{2\pi p}{h}$; unter reduzierter Wellenzahl k wird die auf den Wertebereich $-\dfrac{\pi}{a} \geqq k \geqq +\dfrac{\pi}{a}$ beschränkte Wellenzahl verstanden; a ist die Gitterkonstante.

koeffizienten bis zu vielen hundert bis tausend Atomlagen. Zweitens jedoch müssen die Elektronen gewisse Wegstrecken vom Ort der Strahlungsabsorption bis zum Ort auf der Oberfläche, von dem aus der Austritt erfolgt, zurücklegen und zwar um so längere Wege, je tiefer der Ort der Absorption unter der Oberfläche lag. Auf diesem Weg zur Oberfläche unterliegen die Elektronen aber selbst wieder der Möglichkeit, die durch den Absorptionsakt gewonnene Energie noch vor Erreichen der Oberfläche durch Zusammenstöße mit anderen Elektronen oder dem Metallgitter wieder zu verlieren; sobald der Ort der

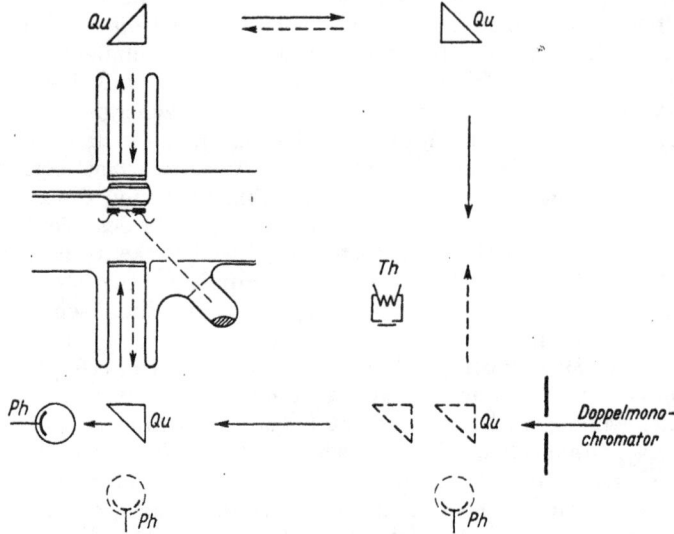

Abb. 50.

Skizze der Versuchsanordnung zur Trennung von Oberflächen- und Volumeffekt an dünnsten Alkalischichten und zur Messung der absoluten Quantenausbeute (nach Mayer).

Strahlungsabsorption daher weiter von der Oberfläche entfernt ist, als die mittlere freie Weglänge der Elektronen zwischen solchen Zusammenstößen beträgt, werden solche Elektronen trotz Absorption der nötigen Strahlungsenergie nicht mehr austreten können. Einer Zunahme des Volumeffektes mit der Metalldicke wegen zunehmender Absorption der einfallenden Photonen wird sich daher eine Abnahme desselben wegen zunehmender Absorption tiefer ausgelöster Elektronen auf ihrem Weg zur Oberfläche überlagern und eine resultierende Dickeabhängigkeit ergeben, über die wir vorerst wenig aussagen können, weil für die hier in Betracht kommende mittlere freie Weglänge der Lichtelektronen[1] jede quantitative Unterlage fehlt.

Dem Experiment bietet diese vertiefte und verbreiterte Auffassung des Elementarprozesses beim äußeren lichtelektrischen Effekt an Metallen eine Fülle von Problemen qualitativer und quantitativer Art.

---

[1] Sie ist wohl zu unterscheiden von der der Leitungselektronen, da bei der elektrischen Leitung Zusammenstöße von Elektronen mit Elektronen belanglos sind; die mittlere freie Weglänge der Leitungselektronen ist daher viel größer als die der Lichtelektronen.

Das erste Problem mehr qualitativer Art ist die experimentelle Trennung von Oberflächen- und Volumeffekt. Die große, aus der Theorie sich ergebende Verschiedenheit in den Grundeigenschaften beider läßt eine solche Trennung durchaus möglich erscheinen. Diese Verschiedenheit läßt sich ganz kurz zusammenfassen als 1. Verschiedenheit der lichtelektrischen Grenzfrequenz, 2. Fehlen jeder Abhängigkeit von der Dicke des Metalls, unter der weiter oben genannten Voraussetzung, beim Oberflächeneffekt und Vorhandensein einer solchen beim Volumeffekt; 3. Fehlen (Volumeffekt) bzw. Vorhandensein (Oberflächeneffekt) einer Abhängigkeit von der Polarisationsrichtung des auslösenden Lichtes.

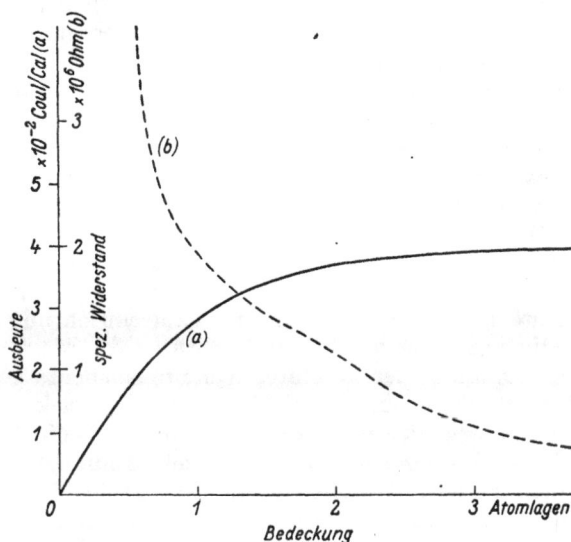

Abb. 51.

Der lichtelektrische Effekt dünnster Alkalischichten auf Quarz als Funktion der Dicke für Wellenlängen $\lambda = 4000 - 2500$ Å (nach Mayer).

Der im Zusammenhang mit der Experimentiertechnik dünner Schichten wichtigste Unterschied zwischen Oberflächen- und Volumeffekt ist die Unabhängigkeit des ersteren bzw. die Abhängigkeit des letzteren von der Dicke des Metalles. Baut man also etwa durch Aufdampfen im höchsten Vakuum auf entsprechend gekühltem Träger eine Metallschicht von der Dicke Null beginnend und zu immer größeren Dicken fortschreitend langsam auf und verfolgt man gleichzeitig den durch eine Strahlung bestimmter Wellenlänge hervorgerufenen äußeren lichtelektrischen Effekt, so darf man, falls nur Oberflächeneffekt vorliegt, schon bei geringsten Schichtdicken Sättigung erwarten.

Die grundsätzliche Frage ist nur, ob, bei solch geringer Dicke, einer aus Metallatomen aufgebauten Schicht auch der Charakter eines Metalles zuzuschreiben ist oder nicht. Die in Abschnitt IV beschriebenen Versuchsergebnisse von Appleyard und Lovell[1] zeigen nun eindeutig, daß bei dünnsten Schichten der Alkalimetalle dies zweifellos der Fall ist und zwar beginnt der metallische

[1] Appleyard, E. T. S., und Lovell, A. C. B.; Proc. Roy. Soc. L. (A) 158, 718, 1937; Lovell, A. C. B.; Proc. Roy. Soc. L. (A) 157, 311, 1936 und 166, 270, 1938.

Charakter, beurteilt nach dem Auftreten metallischer, durch freie Elektronen bewirkter Leitung, schon lange bevor eine einzige Atomschicht vollständig ist. Da bei den Alkalimetallen auch noch der andere Umstand günstig ist, daß nach Schätzungen von Tamm und Schubin die zum Oberflächen- und Volumeffekt gehörigen Grenzwellenlängen relativ weit auseinander liegen, bei Kalium z. B. im Rot bei $\lambda_g = 6200$ Å für den Oberflächeneffekt und im nahen Ultraviolett bei $\lambda'_g = 3850$ Å für den Volumeffekt, lag es nahe, Versuche zur experimentellen Trennung der beiden Effekte zuerst an dünnsten Alkalischichten zu machen.

Solche Versuche, die allerdings wegen äußerer, mit dem Kriegsende zusammenhängender Umstände vorerst nicht beendet werden konnten, wurden vom Verfasser[1] durchgeführt. Das aufs sorgfältigste, durch mehrfache Destillation im Vakuum gereinigte und entgaste Alkalimetall, Kalium, wurde im höchsten Vakuum auf ein Quarzblättchen als Träger aufgedampft, wobei in jedem Augenblick die bereits aufgedampfte Atomzahl und damit die Schichtdicke durch Messung mit der Ionisationsmethode von Langmuir-Taylor[2] genauestens bekannt war. Das Quarzblättchen lag auf einer mit flüssiger Luft gefüllten Quarzküvette. Die mittels Doppelmonochromator gefilterte Strahlung konnte, wie aus Abb. 50 ersichtlich ist, sowohl von der Vorder-(Vakuum-) als auch Rückseite (Quarz) auf die Schicht fallen, die Absorption durch diese konnte mit der üblichen Thermosäuleeinrichtung bzw. geeichter Fotozellen ständig gemessen werden und sollte so die Möglichkeit zu einer gleichzeitigen Bestimmung der absoluten Quantenausbeute geben.

Die Abb. 51 zeigt als Ergebnis den Gang des lichtelektrischen Effektes mit der Schichtdicke bzw. der Bedeckung. Man erkennt sofort, daß Sättigung schon bei zwei bis drei Atomlagen Dicke fast vollständig ist, es liegt also das typische für einen reinen Oberflächeneffekt erwartete Verhalten vor: Unabhängigkeit von der Schichtdicke von dem Augenblick an, wo sich eine allerdünnste, nur ein bis zwei Atomlagen dicke Metallschicht ausgebildet hat. Ein Volumeffekt ist im betreffenden Wellenlängenbereich offenbar gar nicht vorhanden, da von einer Dicke von zwei bis drei Atomlagen keinerlei Anstieg des lichtelektrischen Effekts mehr festzustellen war.

Angesichts dieser Ergebnisse taucht die Frage auf, ob es überhaupt noch sinnvoll ist, den Oberflächeneffekt als Effekt an der Potentialschwelle des Metalles aufzufassen, an freien Elektronen, die dem gesamten Metall angehören. Denn die Oberflächenbausteine einer Kristallsubstanz, hier also die Alkaliatome auf ihrem eigenen oder einem fremden Kristallgitter, haben an den durchlaufenden Energiebändern des Kristallgitters keinen Anteil[3], vielmehr haben sie bei ausgedehnten Oberflächen ihre eigenen durchlaufenden Oberflächenniveaus; die entsprechenden Energiebänder sind wesentlich schmäler als die des Kristallgitters und liegen im allgemeinen zwischen den erlaubten Energiebändern desselben. Nach Maue[4] überschreitet die Dicke dieser Oberflächenschicht nicht die der äußersten Atomlage. Die Elektronenbindung an Oberflächenbausteine kann in diesem Sinne als ortsfest bezeichnet werden und die Loslösung eines Elektrons entspricht dann einfach einem

[1] Mayer, H.; Z. Phys. 124, 326, 1948.
[2] Siehe Mayer, H.; Physik dünner Schichten, Stuttgart 1949, Bd. I.
[3] Tamm, I.; Z. Phys. 76, 849, 1932 u. Sow. Phys. ZS. 1. 733, 1932
[4] Maue, A. W.; Naturwiss. 22, 648, 1934; Z. Phys. 94, 717, 1935.

Fotoionisationsprozeß. Diese, für adsorbierte Atome von de Boer[1] und Mitarbeitern in zahlreichen Arbeiten vertretene und theoretisch und experimentell begründete Auffassung, die durch experimentellen Erfahrungen über Fotoionisation an Fremdatomen[2] gestützt wird, die an inneren oder äußeren Oberflächen adsorbiert oder nichtmischkristallartig eingebaut sind, wäre somit auf die Gesamtheit der Oberflächenatome eines Metalles auszudehnen. Dieser Auffassung entsprechend wäre dann der äußere lichtelektrische Effekt an Metallen zum überwiegenden Teil ein reiner Oberflächeneffekt im Sinne einer Loslösung ortsfest gebundener Elektronen. Die Untersuchung des lichtelektrischen Effektes an dünnsten Schichten verschiedener Metalle vermag auch auf diese grundlegende Frage Antwort zu geben.

Es ist immer wieder überraschend wenn man beobachtet, daß, vorerst nur für die Alkalimetalle nachgewiesen, eine nur ein bis zwei Atomlagen dicke, völlig unsichtbare Metallschicht nötig ist, um bei gleicher einfallender Energie den vollen lichtelektrischen Effekt des massiven undurchsichtigen Metalles zu geben[3].

Die genannten Ergebnisse bedürfen, wie man sieht, dringend der Ausdehnung auf andere Metalle, vor allem solche, bei denen die Grenzwellenlänge der beiden Teileffekte, des Oberflächen- und Volumeffektes, nach theoretischen Erwartungen nicht so weit auseinander liegen, so daß auch der Volumeffekt samt seiner Dickeabhängigkeit experimentell erfaßbar wird.

Das zweite Problem, das den Elementarprozeß des äußeren lichtelektrischen Effektes an Metallen betrifft und hier kurz behandelt werden soll, erscheint schon im Einsteinschen Bilde als durchaus fundamental, hat aber bis heute keine experimentelle Antwort gefunden. Es ist die Frage der absoluten Quantenausbeute schlechthin, und die der charakteristischen Ausbeute der einzelnen Metalle im besonderen.

Dem Einsteinschen Bilde entsprechend muß die absolute, d. h. auf die Zahl der absorbierten Quanten bezogene Ausbeute gleich 1 sein, sofern auch jedem Elektron, das nach dem Absorptionsakt die dazu nötige Energie hat, auch wirklich die Möglichkeit zum Austritt gegeben ist. Da man aber nur der Hälfte der Elektronen eine Bewegungsrichtung gegen die Metalloberfläche hin, der anderen Hälfte jedoch eine ins Innere des Metalles gerichtete Bewegung zuschreiben muß, wird man höchstens eine absolute Quantenausbeute 1/2 erwarten dürfen.

Die wirklichen, im Experiment gemessenen, allerdings durchwegs auf einfallenden Quantenzahl bezogenen Ausbeuten beim äußeren lichtelektrischen Effekt an Metallen, sind aber um Größenordnungen kleiner. Die gefundenen Werte bewegen sich in der Regel zwischen 10^{-3}—10^{-4}, nur in einem Falle fand Fleischer[4] an dünnen Alkalischichten die hohen Werte von 0,1—0,25.

Als Grund für den großen Unterschied zwischen den theoretisch erwarteten und experimentell beobachteten Werten wurde in der Regel angenommen, daß nur für einen verschwindend kleinen Bruchteil der Elektronen der Ort der Absorption des Lichtquants genügend nahe der Oberfläche sei und daß daher nur dieser Bruchteil auszutreten vermag; für die überwiegende Mehrzahl

[1] de Boer; Electron Emission and Adsorption Phänomena, Cambridge 1935.
[2] Smekal, A.; Z. Phys. 35, 643, 1926.
[3] Dies wurde erstmalig, aber ohne Bezug auf die hier behandelten Probleme, von Ives (H. E.) (J. Opt. Soc. Amer. 15, 374, 1927) festgestellt.
[4] Fleischer, R.; Phys. Z. 32, 217, 1931.

jedoch liege der Absorptionsort so tief unter der Metalloberfläche, daß der Energiezuwachs auf dem Wege zur Oberfläche durch Zusammenstöße wieder verloren ginge. Die neue Auffassung vom Volumeffekt mit seiner von der normalen mehr oder weniger verschiedenen Grenzfrequenz zeigt jedoch, daß die obige Erklärung durchaus nicht zutreffen muß. Denn ihr zufolge ist es möglich, daß es Frequenzen gibt, die wohl größer als die normale Grenzfrequenz ν_g, aber noch kleiner als die Grenzfrequenz des Volumeffektes ν'_g sind und die daher wohl im Oberflächeneffekt, nicht aber im Volumeffekt Elektronen auszulösen vermögen, im letzteren auch dann nicht, wenn der Ort der Lichtquantenabsorption noch genügend nahe der Oberfläche liegt. Während man also für den Oberflächeneffekt nach wie vor die höchste, theoretisch mögliche Quantenausbeute von 1 Elektron je 2 Quanten erwarten kann, ist dies beim Volumeffekt durchaus nicht der Fall, auch dann nicht, wenn der Absorptionsort innerhalb einer Entfernung von der Oberfläche liegt, die eine mittlere freie Weglänge des Lichtelektrons nicht übersteigt. Im Gesamteffekt ist dann auch in jenen Fällen, die höchstmögliche Quantenausbeute 1/2 nicht zu erwarten, in denen die Schichtdicke die mittlere freie Weglänge der Elektronen nicht überschreitet, so daß also grundsätzlich jedes zweite Lichtelektron die Möglichkeit zum Austritt hat, sofern es nur eine Energie hat, die ausreicht, um die normale Austrittsarbeit zu leisten.

Die dünne Schicht macht es möglich, die eben genannte Bedingung zu erfüllen; denn man kann sie so dünn machen, im Grenzfall monoatomar oder von noch geringerer Bedeckung, daß alle Elektronen auch, ohne weitere Zusammenstöße zu erleiden, austreten können, sofern sie ein genügend großes Quant absorbiert und eine zur Oberfläche hin gerichtete Bewegung haben. Da man außerdem noch die beiden so verschiedenen Auslösemechanismen des Oberflächen- und Volumeffektes trennen kann, wie die eben mitgeteilten Ergebnisse zeigen, steht einer quantitativen Lösung der mit der absoluten Quantenausbeute zusammenhängenden Fragen wohl nichts mehr im Wege.

Die wegen äußerer Umstände erzwungenermaßen unterbrochenen Versuche des Verfassers an dünnsten Alkalischichten bestätigen dies. In diesen wurde zuerst aus apparativ-technischen Gründen mit senkrechtem Lichteinfall auf die dünnen Schichten gearbeitet; dies ist jedoch die ungünstigste Einfallsrichtung für den Oberflächeneffekt, in dem nur die senkrecht zur Schichtoberfläche schwingende Komponente des elektrischen Lichtvektors Elektronen auslösend zu wirken vermag. Bei senkrechtem Lichteinfall aber ist diese Komponente Null, wenn die Oberfläche ideal eben ist. Da jedoch eine gewisse Oberflächenrauhigkeit fast unvermeidbar und daher immer vorhanden sein wird, ist die senkrechte elektrische Komponente nicht Null, aber jedenfalls sehr klein. Die Berechnung der absoluten Quantenausbeute aus den vom Verfasser gemessenen lichtelektrischen Strömen mit Hilfe der von Hacman[1] für einen Einfallswinkel von 30° gemessenen Absorptionskoeffizienten dünnster Kaliumschichten ergab als untere Grenze für den Oberflächeneffekt die überraschend hohen Werte von 20—50 Quanten je Elektron; die wirklichen, bei schiefem Lichteinfall zu messenden Werte, für den ja auch die Hacmanschen Absorptionskoeffizienten bestimmt wurden, sind wohl bestimmt noch um eine Größenordnung höher, so daß man für den Oberflächeneffekt volle Quantenausbeute 1/2 erwarten darf.

[1] Hacman, D.; C. R. 208, 1982, 1939 und Diss. Cernauti 1939.

Am Schlusse dieses Abschnittes sei noch kurz darauf hingewiesen, daß es nicht nur die zwei Fragenkreise der Erfassung und Lokalisierung des Elementarprozesses beim äußeren lichtelektrischen Effekt an Metallen einerseits, der der Messung der absoluten Quantenausbeute andererseits sind, die experimentell mit Hilfe der dünnen Schicht untersucht werden können. Vielmehr gibt es in demselben Zusammenhang noch eine dritte, weiter oben schon gestreifte Frage, deren Lösung schon vor längerer Zeit mit Hilfe der dünnen Schicht versucht wurde[1], nämlich die Messung der mittleren freien Vorgänge der Lichtelektronen im Metall.

Es kann nach den heute vorliegenden Ergebnissen keinem Zweifel mehr unterliegen, daß der dickeunabhängige Oberflächeneffekt eine bedeutende, oft die einzige Rolle beim äußeren lichtelektrischen Effekt an Metallen spielt. Will man nun die mittlere freie Weglänge aus einer experimentell gemessenen Dickeabhängigkeit des lichtelektrischen Effektes bestimmen, so darf in den theoretischen Beziehungen, welche die Grundlage der Auswertung dieser Ergebnisse sind, die Tatsache nicht vernachlässigt werden, daß ein Teil, unter Umständen sogar ein sehr beträchtlicher Teil der beobachteten gesamten lichtelektrischen Emission dickeunabhängig ist. Diese Vernachlässigung ist aber in den älteren Untersuchungen durchwegs geschehen und daraus ist die Notwendigkeit einer erneuten Durchführung derselben ersichtlich.

Die gleiche Notwendigkeit ergibt sich aber noch aus einem zweiten Grunde. Alle genannten älteren Ergebnisse wurden an dünnen Metallschichten erhalten, die durch Kathodenzerstäubung hergestellt waren. Das gesamte über solche Schichten heute vorliegende experimentelle Material zeigt eindeutig[2], daß so hergestellte Schichten keineswegs als reine Metallschichten angesehen werden können. Vielmehr ist immer ein sehr hoher Prozentsatz eingebauter Gasatome oder durch chemische Prozesse bei der Zerstäubung entstandener Fremdsubstanzen (Oxyde, Nitride usw.) vorhanden, die den strukturellen Zustand der Schichten gegenüber dem des normalen, massiven Metalles vollkommen verändern[3]. Oft ist aus diesen Gründen ein reines Metallgitter überhaupt nicht vorhanden, auch nicht in kleinsten Bereichen. Es ist ja diese Tatsache, die in der an anderer Stelle erwähnten Hypothese von Kramer-Zahn[4] ihren Ausdruck fand. Es liegt eine Art amorpher Zustand vor, mit regellos verteilten und hauptsächlich in Fremdsubstanz eingebetteten Metallatomen. Die Elektronen sind nicht frei, sondern als ortsfest gebunden zu betrachten, ähnlich wie es für Oberflächenatome und an äußeren oder inneren Oberflächen adsorbierte Atome charakteristisch ist. Ein auch im Innern einer solchen Schicht stattfindender lichtelektrischer Effekt ist dann keineswegs ein Volumeffekt, sondern, als Loslösung ortsfest gebundener Elektronen, ein Oberflächeneffekt an solchen Atomen, mit anderer Grenzwellenlänge und anderer Dickeabhängigkeit. Dies ist in den theoretischen Ansätzen zu berücksichtigen. Ebenso darf man wohl annehmen, daß die mittlere freie Weglänge der Elektronen selbst durch die eingebauten Fremdsubstanzen stark beeinflußt wird, so daß es unmöglich ist, durch Messungen an solchen Schichten zu den für das reine Metall charakteristischen Werten derselben zu kommen.

[1] Schrifttum hierzu bei Becker, A.; Handb. d. Exp. Phys. Bd. 23 (II), S. 1144ff.
[2] Übersichten darüber in Mayer, H.; Ph. d. Sch. Bd. I und Bd. II.
[3] siehe dazu Franck, K.; Müller, Th., u. Raithel. K.; Optik 5, 197, 1949.
[4] Siehe Abschn. IV, S. 83.

VIII. ADSORPTIONSSCHICHTEN
UND DER AKKOMODATIONSKOEFFIZIENT

Der in die feineren Einzelheiten der Probleme der Grenzflächenforschung weniger Eingeweihte wird geneigt sein, die Erscheinung der Kondensation von Wasserdampf an gekühlten Oberflächen als besonders einfach und längst geklärt zu betrachten. Daß dem keineswegs so ist, geht aus neueren experimentellen Arbeiten hervor, die im Jahre 1930 mit einer sorgfältigen Untersuchung dieser Erscheinung von E. Schmidt und Mitarbeitern[1] eingeleitet wurden. Kurz skizziert, wurden die Versuche so durchgeführt, daß man schwach überhitzten H_2O-Dampf aus einem Rohr gegen die Mitte einer dünnen Kupferplatte ausströmen ließ, die auf der anderen Seite von einem Kühlwasserstrom gekühlt wurde (Abb. 52). Man kann bei dieser Versuchsführung einerseits aus dem bekannten Dampfdruck und der Strömungsgeschwindigkeit des H_2O-Dampfes die je Zeit und Flächeneinheit auf die gekühlte Metallplatte auffallende Zahl der H_2O-Moleküle und die Wärmemenge berechnen, die an diese abgegeben werden müßte, wenn alle auffallenden H_2O-Moleküle daran haften blieben, also kondensieren würden. Andererseits kann die abgegebene Wärmemenge durch kalorimetrische Messung aus der Temperaturerhöhung des Kühlwassers und dessen Menge unmittelbar experimentell bestimmt werden.

Das Ergebnis der Versuche soll für die Zwecke unserer Überlegungen nur ganz kurz dahin zusammengefaßt werden, daß

1. die schon aus früheren Versuchen bekannten zwei Arten von Kondensation beobachtet wurden, nämlich Tropfenkondensation und Filmkondensation; man könnte sie auch Kondensation mit und ohne Benetzung nennen. Die Tropfenkondensation tritt an glatten sauberen Oberflächen auf, die Filmkondensation wird beobachtet, wenn die Oberfläche rauh oder unsauber ist.

2. in beiden Fällen die wirklich kondensierte H_2O-Menge weit hinter der maximal kondensierbaren zurückblieb, aber in beiden Fällen in verschiedenem Ausmaße. Bei Filmkondensation wird nur ein Bruchteil eines

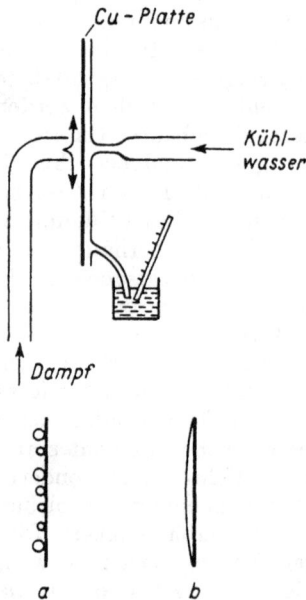

Abb. 52.

Skizze zur Messung der Kondensation von Wasserdampf auf einer gekühlten Metallplatte durch E. Schmidt und Mitarbeiter.

[1] Schmidt, E., Schurig, W. und Sellschopp, W.; Techn. Mech. Thermodyn. 1, 53, 1930.

Prozentes aller insgesamt auf die gekühlte Cu-Platte fallenden H_2O-Moleküle festgehalten und kondensiert, während bei der Tropfenkondensation diese Menge etwa zehnmal größer ist. In beiden Fällen wird also der überwiegende Teil der H_2O-Moleküle ohne jede Energieabgabe, ohne Energieaustausch, zurückgeworfen.

Das Beispiel dieses Versuches und seine Ergebnisse, deren Bedeutung für viele technische Fragen auf der Hand liegt, führt auch für die rein physikalische Betrachtung zu grundlegenden Tatsachen und Begriffen.

Die erste ist die, daß Energie- und Stoffaustausch an Grenzflächen in engem Zusammenhange stehen. Die Ergebnisse zeigen, daß weder der Kondensationskoeffizient gleich 1 ist, der die den Stoffaustausch charakterisierende physikalische Größe ist und den Bruchteil der insgesamt auffallenden Moleküle angibt, die kondensieren; noch, daß der Akkomodationskoeffizient gleich 1 ist, der den Energieaustausch kennzeichnet und jenen Bruchteil der einfallenden Moleküle angibt, die bei ihrem Stoß gegen die Oberfläche zum Energie- bzw. Temperaturgleichgewicht mit den Oberflächenatomen kommen.

Als zweites sei erwähnt, daß auch diese Beobachtungen zur Annahme einer Oberflächenwanderung führen. Denn die Zahl der aufprallenden H_2O-Moleküle ist sowohl im Falle der Film- als auch der Tropfenkondensation gleichmäßig über die kondensierende Fläche verteilt und ist gleich. Die Bildung von Tropfen kann nur so erklärt werden, daß sie nach vorhergegangener Keimbildung auf Kosten von Molekülen wachsen, die in ihrer Umgebung kondensiert wurden und nachher erst zu den Tropfen hinwanderten. Ebenso wie die an anderer Stelle erwähnten Beobachtungen von Volmer[1] beim Kristallwachstum aus der Dampfphase führen also auch diese Beobachtungen dazu, daß es eine Oberflächenwanderung geben müsse und daß sie bei vielen Erscheinungen an Grenzflächen eine wichtige Rolle spielt.

Als drittes weisen die Ergebnisse darauf hin, daß es durchaus möglich ist, daß die Moleküle eines Dampfes, die auf eine unterhalb der normalen Kondensationstemperatur befindliche feste oder flüssige Oberfläche auffallen, nicht kondensieren. Es bedarf unter Umständen offenbar einer viel tieferen Temperatur der Auffangfläche, damit Kondensation eintritt. Diese Erscheinung führte schon vor längerer Zeit zu dem nicht gerade glücklich bezeichneten Begriff einer kritischen Kondensationstemperatur; in Wirklichkeit handelt es sich dabei nach dem heute vorliegenden, wenn auch noch sehr unvollständigen Ergebnissen der Forschung, weniger um eine Frage der Temperatur als um eine solche einer zweidimensionalen Keimbildungsgeschwindigkeit. Die in den Begriffen Akkomodationskoeffizient und kritische Kondensationstemperatur liegenden Erkenntnisse gehen auf erste experimentelle Beobachtungen von Knudsen[2] zurück.

Als letzte, aus den Ergebnissen folgende Tatsache sei schließlich erwähnt, daß eine dünne Schicht auf der Phasengrenzschicht, wie sie sich bei der Filmkondensation bildet, die Bedingungen des Stoff- und Energieaustausches durchaus verändert, wie man aus dem großen Unterschied der kondensierten Dampfmenge bei Tropfen- und Filmkondensation erkennen kann. Dies ist

[1] Siehe Abschn. I, 1. S. 18.
[2] Knudsen, M.; Ann. d. Phys. 34, 593, 1911.

aber durchaus verständlich; denn der Energieaustausch an einer Phasengrenz-
fläche wird letzten Endes durch die Eigenart des einfallenden und des von
ihm getroffenen Atoms oder Moleküls, und durch deren Wechselwirkung bestimmt. Da der Akkomodationskoeffizient die Größe dieses Energieaustausches kennzeichnet, muß er durch dünnste Fremdschichten auf Oberflächen
im allgemeinen stark beeinflußt werden.

Es ist die in dieser Erkenntnis liegende Tatsache, auf der nach vorberei-
tenden Versuchen anderer[1] in neueren Untersuchungen, vor allem von Roberts[2]
und Langmuir und Mitarbeitern[3] durchgeführt, eine experimentelle Forschungsmethode aufgebaut wurde, die in erfolgreicher Weise den Akkommodationskoeffizienten als Hilfsmittel beim Studium dünnster Adsorptionsschichten verwendet und es gestattet, bis weit in die Einzelheiten der Vorgänge
bei der Bildung dieser Schichten und deren Struktur vorzudringen.

Die zur Messung des Akkomodationskoeffizienten fast durchwegs ge-
brauchte Anordnung ist einfach und entspricht der Schleiermacherschen Methode
zur Messung der Wärmeleitfähigkeit von Gasen. Zum leichteren Verständnis des
folgenden erscheint es nötig, kurz auf elementarere Dinge einzugehen. Ein
sehr dünner Draht D ist längs der Achse eines ihn umgebenden Zylinders Z
(Abb. 53) gespannt. Zylinder und Draht kommen auf bestimmte, wenig verschiedene Temperaturen T_1 und T_2, der erstere mittels eines Bades, der
letztere durch direkte Heizung mittels elektrischen Stromes, wobei die Messung
seines Widerstandes eine äußerst empfindliche Methode zur Bestimmung
seiner Temperatur ist. Der Wärme- bzw. Energieaustausch zwischen Zylinder
und Draht wird durch Gasmoleküle besorgt, die sich unter solchem Druck
im Zylinder befinden, daß ihre freie Weglänge klein ist gegen den Durchmesser
des Zylinders, aber groß gegen den des zentralen Drahtes. Dann läßt sich durch
elementare gaskinetische Betrachtung nachweisen, daß jedes Molekül sehr
viele Stöße gegen die Zylinderwand ausführt und
deswegen mit dieser zum Temperaturgleichgewicht kommt, ehe es einmal gegen den sehr dünnen zentralen Draht stößt. Damit ist aber auch
nachgewiesen, daß alle Moleküle, die auf den
Draht stoßen, eine thermische Geschwindigkeit
v_1 haben, die der Temperatur T_1 des Zylinders
entspricht. Nach dem Stoß gegen den Draht hat
im allgemeinen nur ein Bruchteil α der Moleküle die Temperatur T_2 des Drahtes angenommen und verläßt diesen mit der thermischen Geschwindigkeit v_2, der Rest ist nicht ins Temperaturgleichgewicht gekommen und verläßt den
Draht mit einer Geschwindigkeit v_2', entsprechend
einer Temperatur T_2'. Sehr einfache Überlegungen führen dann zur Definitionsgleichung
der das Ausmaß des Energieaustausches kenn-

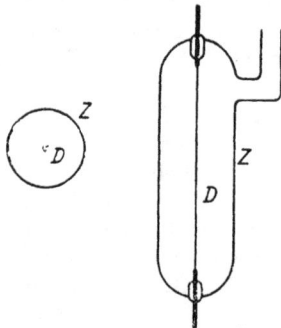

Abb. 53.

Zur Messung des Akkommo-
dationskoeffizienten.

[1] U. a. Kenty, C., und Turner, L. A.; Phys. Rev. 32, 799, 1928.

[2] Roberts, J. K.; Proc. Roy. Soc. (London) A 129, 146, 1930; 135, 129, 1932; 152,
464 u. 477 u. 445, 1935; Morrison, J. L., und Roberts, J. K.; Proc. Roy. Soc. London A.
173, 1 u. 13, 1939.

[3] Langmuir, I., und Blodgett, K. B.; Phys. Rev. 40, 78, 1932.

zeichnenden physikalischen Größe, des Akkommodationskoeffizienten α

$$\alpha = \lim_{\varDelta v \to 0} \frac{v_2'^2 - v_1^2}{v_2^2 - v_1^2}$$

oder nach Einführung der entsprechenden Temperaturen

$$\alpha = \lim_{\varDelta T \to 0} \frac{T'_2 - T_1}{T_2 - T_1}$$

Die experimentelle Messung geschieht nun in der Weise, daß man die vom Draht zur Wand abgeführte Wärmemenge bestimmt, wenn im Innern des Zylinders ein bestimmter Druck des Gases eingestellt wird. Diese Wärmemenge Q ist gleich der Differenz der dem Draht durch die auf ihn stoßenden Moleküle zugeführten Wärmemenge Q_{zu}, und der von dieser nach dem Stoß weggeführten Q_{we}

$$Q = Q_{zu} - Q_{we}$$

Da die Zahl N der stoßenden Moleküle aus dem gemessenen Druck p mittels der gaskinetischen Formel $N = p/\sqrt{2\pi mkT}$ berechnet werden kann, worin m die Molekülmasse und k die Boltzmannsche Konstante ist, und von jedem Molekül bei voller Akkommodation je Stoß die Energie $2kT$[1] übertragen wird, so ist

$$Q_{zu} = \frac{p}{\sqrt{2\pi mkT}} \cdot 2kT_1 \qquad Q_{we} = \frac{p}{\sqrt{2\pi mkT}} \cdot 2kT_2$$

also bei voller Akkommodation

$$Q = Q_{zu} - Q_{we} = 2k(T_2 - T_1) \frac{p}{\sqrt{2\pi mkT}}$$

und bei teilweiser Akkommodation nur ein Bruchteil Q' davon,

$$Q' = \alpha \cdot Q$$

Diese einfache Beziehung, die außer α lauter meßbare Größen enthält, gestattet eine sehr genaue Bestimmung des Akkommodationskoeffizienten α. Natürlich muß im Experiment der Nullverlust, d. h. der Verlust von Wärme durch Strahlung und Wärmeableitung durch die Zuleitungsdrähte des zentralen Drahtes erfaßt und mitberücksichtigt werden, was leicht durch Messung am evakuierten Versuchsrohr geschieht.

Der eigentliche Meßapparat ist also äußerst einfach: Ein evakuierbares, in ein Temperaturbad tauchendes zylindrisches Glasrohr, in dem axial ein sehr dünner Draht, gewöhnlich aus Wolfram, gespannt ist, der heizbar ist und dessen Widerstand mit einer der hierfür gebräuchlichen sehr empfindlichen Meßanordnungen gemessen werden kann.

[1] Die mittlere Energie eines Moleküls im Gas ist allerdings $\frac{3}{2}kT$. Da aber relativ mehr schnellere Moleküle auf den Draht oder die Wand stoßen, ist die mittlere, von N Molekülen übertragene Energie etwas größer als $\frac{3}{2} \cdot N \cdot kT$, und zwar ist, wie sich einfach nachweisen läßt, das Mehr gerade $\frac{1}{2}NkT$. Die Änderung der spezifischen Wärme des Gases bei konstantem Volumen mit der Temperatur ist hier der Einfachheit wegen nicht berücksichtigt.

Es ist das besondere Verdienst von Roberts, bei der Durchführung seiner Versuche als erster die Forderung nach dem reinen Versuch erfüllt und der Erkenntnis Rechnung getragen zu haben, daß gemessene Werte des Akkommodationskoeffizienten nur dann ihre volle Bedeutung haben können, wenn für vollkommene Definiertheit sowohl des stoßenden Atoms oder Moleküls als auch des gestoßenen Oberflächenatoms gesorgt ist. Nun ist es im allgemeinen leicht, dafür zu sorgen, daß ganz bestimmte Moleküle auf die Oberfläche stoßen, indem ein sorgfältig gereinigtes Gas in die ebenso sorgfältig gereinigte Meßzelle eingeführt wird. Dagegen ist es, wie aus vielfältigen Erfahrungen der Hochvakuumtechnik und der Elektronenemission aus Grenzflächen bekannt ist, durchaus nicht so leicht, die Definiertheit des gestoßenen Oberflächenatoms sicherzustellen und eine Zeitlang aufrechtzuerhalten. Und gerade die gleich zu beschreibenden Versuchsergebnisse sind ein weiterer eindrucksvoller Beweis dafür. Denn aus diesen vielfältigen Erfahrungen geht hervor, daß es selbst im guten und sogar besten, heute erreichbaren Vakuum nicht leicht ist, die Oberfläche eines Metalles von adsorbierten und in ihrer Natur meist unbekannten Fremdmolekülen freizuhalten. Roberts bemühte sich als erster, bei der Messung von Akkommodationskoeffizienten die Reinheit der Oberfläche und damit die Definiertheit der gestoßenen Atome durch allerhöchste Entgasung, bestes Vakuum und höchste Reinigung der verwendeten Gase zu erreichen und wurde gerade durch seine Bemühungen, diese Forderung zu erfüllen, darauf geführt, daß die Messung des Akkommodationskoeffizienten und die Verfolgung seiner Änderungen eine sehr empfindliche Methode zum Studium solcher adsorbierter Schichten ist.

Aus diesem Grunde enthielt seine Apparatur neben der eigentlichen einfachen zylindrischen Meßzelle mit dem axial gespannten dünnen Draht noch eine weitläufige Zusatzapparatur. Sie diente dazu, das Meßgas, ein Edelgas, durch ständige Zirkulation über mit flüssiger Luft gekühlte Absorptionskohle mit Hilfe von geeignet eingebauten Hochvakuumpumpen auch während der Messung so rein als möglich zu halten, um eventuelle Spuren fremder Gase, die von den Gefäßwänden trotz deren vorheriger sorgfältiger Entgasung im Laufe der Zeit doch noch abgegeben wurden, fortlaufend zu entfernen. Es ist eine wichtige Erfahrung für die Grenzflächenforschung dieser Art, daß es sich selbst bei Einhaltung dieser äußersten Entgasungs-, Reinheits- und Vakuumbedingungen als unmöglich erwies, die Adsorption von Fremdmolekülen auf der Oberfläche des Meßdrahtes auf die Dauer vollkommen zu verhindern.

Aus den sehr zahlreichen Erfahrungen, die bei der Messung der glühelektrischen und lichtelektrischen Elektronenemission aus Wolframoberflächen gemacht wurden, ist bekannt, daß diese durch Glühen im Vakuum bei sehr hohen, nahe dem Schmelzpunkt gelegenen Temperaturen völlig fremdschichtfrei gemacht werden können. Auch Roberts bediente sich bei seinen Messungen dieser Methode zur Reinigung der Wolframdrahtoberfläche. Durch das Glühen bei so hohen Temperaturen wird allerdings die Oberfläche auch aufgerauht, die wahre Oberfläche also gegenüber der scheinbaren geometrischen vergrößert, eine Tatsache, der bei der Auswertung der Ergebnisse Rechnung getragen werden muß.

Die unmittelbar nach dem Glühen des W gemessenen Werte des Akkommodationskoeffizienten der Edelgase Helium und Neon ergaben sich nun als sehr klein und zwar bei Zimmertemperatur für He gleich 0,057 und für Ne gleich

0,07. Es findet also in diesen Fällen sehr unvollkommener Energieaustausch zwischen stoßendem Edelgasatom und gestoßenem Wolframatom statt.

Wie man aus Abb. 54 ersieht, zeigte der unmittelbar nach dem Reinigen der W-Oberfläche gemessene Akkommodationskoeffizient einen Gang mit der Zeit und zwar ein Ansteigen. Da nun einerseits aus Messungen am nicht gereinigten Draht bekannt war, daß dann der Akkommodationskoeffizient ungleich höher ist, und andererseits das Anwachsen des Akkommodationskoeffizienten mit der Zeit durch immer weiter getriebene Reinigung des Edelgases vermindert werden konnte, und schließlich nach jedem Glühen immer der gleiche Anfangswert gefunden wurde, schloß Roberts, daß erstens dieser immer wieder gefundene Anfangswert der reinen W-Oberfläche zuzuschreiben ist, und daß zweitens der beobachtete langsame Gang des Akkommodationskoeffizienten nach höheren Werten die Bildung einer Adsorptionsschicht aus Fremdmolekülen wiederspiegelte, die als Restspuren von Verunreinigungen trotz aller Vorsichtsmaßnahmen im Edelgas noch vorhanden waren.

Durch diese Beobachtungen war als wichtige Grundlage für weitere Forschung festgestellt, daß die Messung des Akkommodationskoeffizienten nicht nur die in einer Arbeit von Kenty und Turner[1] kurz vorher zum ersten Mal wahrgenommene Möglichkeit bot, das Vorhandensein von Adsorptionsschichten zu erkennen, sondern daß darüber hinaus noch die weitere Möglichkeit bestand, den Vorgang der Bildung solcher Schichten langsam zu verfolgen und Einzelheiten desselben zu erkennen. Dieser Vorgang ist unter gewöhnlichen Bedingungen wegen seines außerordentlich schnellen Ablaufs dem experimentellen Studium nur schwer zugänglich[2].

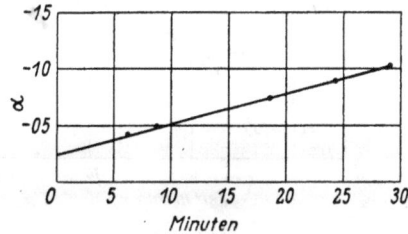

Abb. 54.
Der Akkommodationskoeffizient von He auf W als Funktion der Zeit (nach Roberts).

Diese Möglichkeiten wurden nun fast gleichzeitig von Blodgett und Langmuir[3] einerseits und Roberts[4] und Mitarbeitern andererseits wahrgenommen, um die Bildung von Wasserstoff- und Sauerstoff-Adsorptionsschichten auf Wolfram zu verfolgen. Wir folgen hier den Arbeiten des letzteren, weil zur Messung des Akkommodationskoeffizienten ein Edelgas verwendet wurde, das selbst nicht adsorbiert wird, was die Deutung der Versuchsergebnisse einfacher und sicherer macht; ferner, weil durch gleichzeitige Messung der Zahl der adsorbierten Moleküle, der differentialen Adsorptionswärme, wie auch der Temperaturen, bei denen die gebildeten Adsorptionsschichten wieder verdampfen, die Ergebnisse vervollständigt wurden und dadurch eine Reihe interessanter Einzelheiten enthüllten.

[1] Kenty und Turner; l. c.

[2] Siehe hierzu u. a. die Untersuchungen von Johnson, M. C. und Vick, F. A. (Proc, Roy. Soc. London (A) 151, 296 und 308, 1935 und 165, 148, 1938), in denen zur Verfolgung dieser schnell ablaufenden Ad- und Desorptionsvorgänge die oszillographisch aufgenommene Glühelektronenemission verwendet wurde.

[3] Langmuir und Blodgett; l. c.

[4] Roberts und Mitarbeiter; l. c.

Es wurde so vorgegangen, daß nach äußerster Reinigung des Edelgases und nach Messung des Akkommodationskoeffizienten der reinen W-Oberfläche, dem Edelgas genau gemessene, aber sehr geringe Mengen eines anderen hochgereinigten Gases und zwar zuerst H_2 zugesetzt wurden und nun durch fortlaufende Messung des Akkommodationskoeffizienten der zeitliche Ablauf der Adsorption verfolgt wurde. Die zugesetzte H_2-Menge war zuerst so gering, daß sie nur einem Druck von 10^{-4} mm Hg entsprach; später wurde sie bis auf etwa das Zehnfache erhöht. In Abb. 55 ist das Ergebnis der Beobachtungen für zwei Temperaturen 79° abs und 295° abs der W-Oberfläche eingezeichnet. Der Akkommodationskoeffizient steigt nach Einführen des H_2 und erreicht schließlich einen Sättigungswert.

Aus mannigfachen Erfahrungen anderer Art über die Adsorption von H_2 an Metalloberflächen, besonders auch im Zusammenhang mit katalytischen Vorgängen, konnte man aus dem Auftreten des Sättigungswertes und der geringen, dazu nötigen H_2-Menge sofort schließen, daß er der Bildung einer vollständigen monoatomaren H-Schicht auf der W-Oberfläche entspreche. Dies konnte nachher quantitativ nachgewiesen werden, indem durch sehr genaue H_2-Partialdruckmessungen die insgesamt bis zur Erreichung des Sättigungswertes durch Adsorption am W-Draht verschwundene Zahl der H_2-Moleküle bestimmt und mit der Zahl der W-Atome verglichen wurde, die die geometrisch gemessene Oberfläche des W-Drahtes bildeten. Für letztere ergaben die Dimensionen des Drahtes $7,8 \cdot 10^{14}$, sofern man die W-Oberfläche als glatt annahm; für erstere ergab die Messung $4,3 \cdot 10^{14}$. Nun aber war, besonders aus sorgfältigen Beobachtungen Langmuirs und seiner Mitarbeiter bei der Glühelektronenemission des W bekannt, daß eine hochgeglühte W-Oberfläche aufgerauht ist und der Rauhigkeitskoeffizient, d. h. das Verhältnis der wahren zur scheinbaren, geometrischen Oberfläche, Werte bis zu 1,3 annehmen konnte. Bei einem Rauhigkeitskoeffizienten von 1,1, dessen Annahme somit durchaus vernünftig und gerechtfertigt erscheint, würde somit das Verhältnis der Zahl der adsorbierten H-Atome zu der der W-Atome in der W-Oberfläche genau 1 : 1 betragen. Es adsorbiert also jedes W-Atom der Oberfläche je 1 H-Atom und Roberts sieht darin die Berechtigung zur Annahme, daß die Adsorption des H_2 auf W atomar erfolge.

Diese Annahme konnte nun durch weitere experimentelle Ergebnisse über die Wiederverdampfung dieser adsorbierten H-Atome bei Erhöhung der Temperatur des W-Drahtes gestützt werden. Auf Grund einer von ihm selbst abgeleiteten Verdampfungsformel konnte einerseits die Temperatur theoretisch

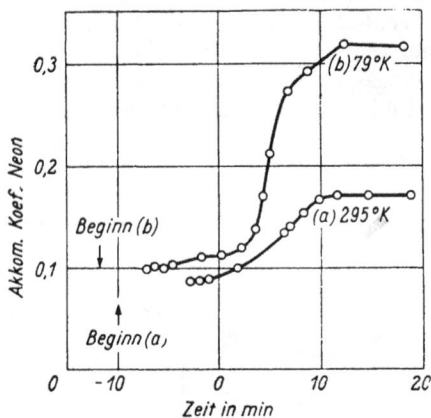

Abb. 55.

Änderung des Akkomodationskoeffizienten von Ne auf W bei Bildung einer Wasserstoffadsorptionsschicht auf W bei tiefsten H_2-Partialdrucken (nach Roberts).

berechnet werden, bei der eine solche H-Atom-Adsorptionsschicht innerhalb einer Sekunde instabil wird und verdampft; andererseits wurde
diese Temperatur experimentell mit Hilfe der Messung des Akkommodationskoeffizienten bestimmt und der theoretisch berechneten (700° abs) gleich
gefunden. Da die erwähnte theoretische Formel unter der Voraussetzung
atomarer Adsorption des H_2 abgeleitet worden war, bedeutet die Übereinstimmung zwischen theoretischem und ex-
perimentellem Wert eine wesentliche Stütze
für den Schluß, daß H_2 auf W atomar adsorbiert wird.

In die genannte Formel geht natürlich die
Stärke der Bindung der H-Atome an die
W-Atome ein, die in der Adsorptionswärme
ihren Ausdruck findet. Die große Tempe-
raturempfindlichkeit der Widerstandsmeß-
methode ermöglichte es nun, mit dem gleichen Apparat nach Einbau eines sehr
empfindlichen Druckmessers auch die Adsorptionswärme experimentell in der Weise
zu bestimmen, daß eine ganz bestimmte,
sehr kleine H_2-Menge in die völlig evaku-
ierte Meßzelle eingeführt wurde und die
durch Adsorption der ersteren am W-Draht
entwickelte Adsorptionswärme aus der Tem-
peraturänderung des Drahtes bestimmt
wurde. Da bei dieser Versuchsführung die
Adsorptionsschicht sukzessive aufgebaut und
die zugehörige Bedeckung sowohl mit Hilfe
des Akkommodationskoeffizienten als auch
aus der verschwundenen H_2-Molekülzahl

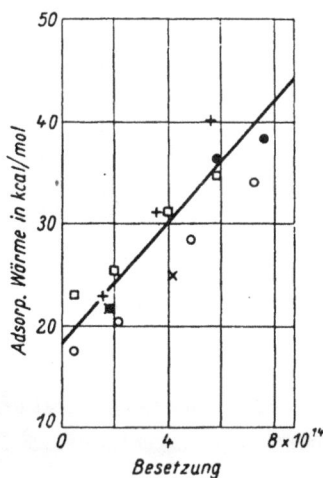

Abb. 56.

Differentiale Adsorptionswärme
von Wasserstoff auf Wolfram
(nach Roberts).

durch Druckmessung ermittelt werden konnte, war auf diese Weise eine
Messung der differentialen, d. h. zu bestimmten Bedeckungen der W-Oberfläche mit H-Atomen gehörigen Adsorptionswärme möglich. Abb. 56 zeigt
das Ergebnis. Die differentiale Adsorptionswärme ist als Funktion der
Zahl der noch nicht von H-Atomen besetzten Plätze der W-Oberfläche eingetragen[1]. Extrapolation in Richtung Bedeckung Null gibt die Adsorptions-
energie der ersten, einzeln in weiter Entfernung voneinander auf der W-Oberfläche adsorbierten H-Moleküle, der unterste Wert links die Adsorptionswärme bei vollständiger monoatomarer Schicht. Erwartungsgemäß wird eine
Abnahme der Adsorptionswärme mit zunehmender Bedeckung gefunden, die
ihre Ursache in der zunehmenden gegenseitigen Beeinflussung der H-Atome
beim Näherrücken derselben hat.

Bei diesem Vorgang der H-Adsorption ist nun bemerkenswert, daß er
selbst bei Partialdrucken von 10^{-7} mm Hg praktisch augenblicklich verläuft.
Die weiter unten beschriebenen Versuche über die O_2-Adsorption zeigten,
daß das gleiche für diese schon bei Partialdrucken von einigen 10^{-9} mm Hg

[1] Zum Vergleich sei erwähnt, daß die Dissoziationswärme des H_2-Moleküls rund
100 kcal/mol beträgt.

gilt, Drucke, die dem besten heute erreichbaren Vakuum entsprechen. Daraus kann der in sehr vielen experimentellen Untersuchungen, in denen es auf Fremdschichtfreiheit von Oberflächen ankommt, leider oft nicht genügend berücksichtigte Schluß gezogen werden, wie schwer es ist, selbst im hohen Vakuum solche reine Oberflächen zu erzielen. Daraus, daß diese erste Adsorption schon bei so geringen Drucken erfolgt und druckunabhängig ist, folgt

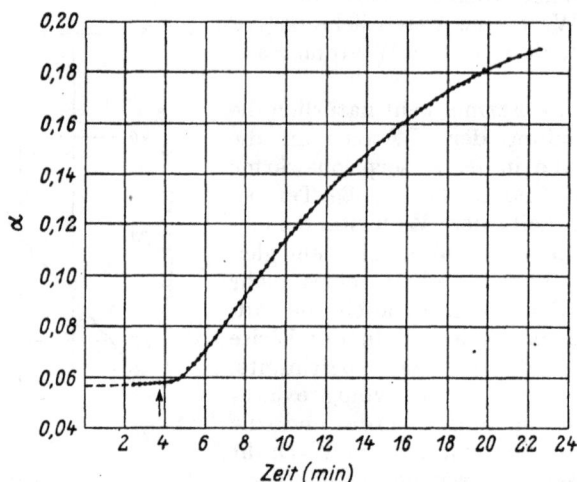

Abb. 57a.

Gang des Neon-Akkommodationskoeffizienten bei fortschreitender Adsorption von Sauerstoff auf Wolfram bei kleinsten Partialdrucken (nach Roberts).

aber weiter, daß es sich nicht um eine physikalische, auf van der Waals-Kräfte zurückgehende Adsorption handelt, sondern um eine durch Bindungskräfte chemischer Art bedingte Chemosorption, worauf ja auch die hohen Adsorptionswärmen hinweisen.

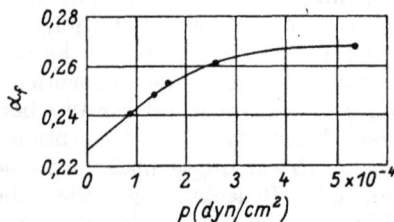

Abb. 57b.

Desgleichen, bei höheren Partialdrucken.

Die Versuche über die Adsorption von O_2 auf W-Oberflächen, mit der gleichen Methode durchgeführt[1], führen nun zu analogen Ergebnissen; sie zeigen aber darüber hinaus, daß die der Methode von Roberts eigene Kombination der Messung des Akkommodationskoeffizienten von adsorbierten Schichten mit gleichzeitiger, in der gleichen Meßzelle und an der gleichen Oberfläche durchgeführten Messungen der Adsorptionswärme, Bestimmung der Bedeckung und schließlich der Stabilität bzw. Verdampfung der Adsorptionsschichten als Funktion der Temperatur ein noch tieferes Eindringen in die Art der Bildung und die Struktur der Schichten ermöglicht.

[1] Morrison, J. L. und Roberts, J. K.; l. c.

Für die O_2-Adsorptionsmessungen mittels des Akkommodationskoeffizienten mußte die Art der Versuchsdurchführung etwas geändert werden, da die geringen, in die Meßapparatur eingeführten O_2-Mengen durch die in flüssiger Luft gekühlte Adsorptionskohle, die zur ständigen Reinigung des Edelgases diente, so schnell absorbiert wurden, daß sich genaue Druckmessungen als unmöglich erwiesen. In der geänderten Methode wird der Sauerstoff in sehr genau meßbarer Menge in langsamer, konstanter Strömung am adsorbierenden W-Draht vorbeigeführt und dadurch die Konstanz der Stoßzahl der O_2-Moleküle sichergestellt und die Möglichkeit ihrer genauen Messung geschaffen.

Gemessen werden wieder in Parallelversuchen am gleichen Draht unter gleichen Bedingungen 1. der Gang des Neon-Akkommodationskoeffizienten bei fortschreitender Adsorption des O_2; 2. die Zahl der insgesamt von der bekannten W-Oberfläche bei der Sättigung des Akkommodationskoeffizienten adsorbierten O_2-Moleküle durch genaue Druckmessung; 3. die Adsorptionswärme bei verschiedenen Bedeckungen der W-Oberfläche mit O_2-Molekülen; 4. die Temperatur, bei der die gebildeten O_2-Adsorptionsschichten innerhalb eines kleinen Zeitintervalls (1 Sekunde) instabil werden und verdampfen.

Die erste Messung, die der Änderung des Neon-Akkommodationskoeffizienten ergab das in der Abb. 57a und b eingezeichnete Ergebnis. Man erkennt aus der Kurve in (a), daß der Akkommodationskoeffizient einem ersten Sättigungswert von 0,226 zustrebt. Die eingeführten O_2-Mengen waren dabei äußerst gering, im unteren Grenzfall nur einem Partialdruck von einigen 10^{-9} mm Hg entsprechend. Die Adsorption erwies sich in diesem Druckbereich ebenso wie die des H_2 als druckunabhängig, woraus ebenfalls folgte, daß nicht physikalische, sondern Chemosorption vorlag. Wurde jedoch bei Zimmertemperatur der O_2-Druck über dem Bereich tiefster Drucke bis etwa 10^{-2} mm Hg gesteigert, so wurde ein weiteres Ansteigen des Akkommodationskoeffizienten beobachtet, mit einer zweiten, sehr deutlichen Sättigung. Es zeigte sich, daß diese bei relativ höheren Drucken stattfindende Adsorption im Gegensatz zur ersten druckabhängig, also in diesem Sinne reversibel war, daß es sich also um eine physikalische Adsorption handelte; offenbar eine zweite Adsorptionsschicht, die sich bei den etwas höheren Drucken auf der ersten, durch chemische Bindungskräfte festgehaltenen Schicht bildete und durch viel kleinere van der Waals-Kräfte festgehalten wurde.

Damit war festgestellt, daß eine solche O_2-Adsorptionsschicht auf W aus zwei grundsätzlich verschiedenen Schichten besteht. Jedoch enthüllten die anderen Messungen nun nicht nur weitere quantitative Einzelheiten über diese beiden Schichten, sondern zeigten darüber hinaus auch noch, daß die erste, chemosorbierte Schicht selbst noch aus zwei Teilstrukturen bestand.

Wurde nämlich jetzt zum Zwecke der Verdampfungsmessungen die Temperatur des W-Drahtes erhöht, so wurde, wie man aus der in Abb. 58 wiedergegebenen Änderung des Akkommodationskoeffizienten ersehen kann, die durch van der Waals-Kräfte festgehaltene Schicht bei Temperaturen über 300^0 abs instabil, die chemosorbierte Schicht bei 1100° abs instabil und verdampfte, aber nicht vollständig, sondern nur bis zu einem dem Akkommodationskoeffizienten 0,117 entsprechenden Zustand, der sich dann bei weiterer Temperaturerhöhung bis 1700° abs nicht mehr änderte; erst bei Überschreitung dieser Temperatur begann der Akkommodationskoeffizient weiter zu fallen um schließlich den für die reine W-Oberfläche charakteristischen Wert von 0,07 zu erreichen.

Man konnte aus diesem Ergebnis den Schluß ziehen, daß die chemosorbierte Schicht sich aus zwei Teilstrukturen aufbaute, die verschieden starke Bindung an die W-Oberfläche hatten. Dieser Schluß konnte nun durch die Messung der Adsorptionswärme bei verschiedenen Bedeckungen vollauf bestätigt werden. Für die erste Struktur hoher Bindung, die erst bei Temperaturen

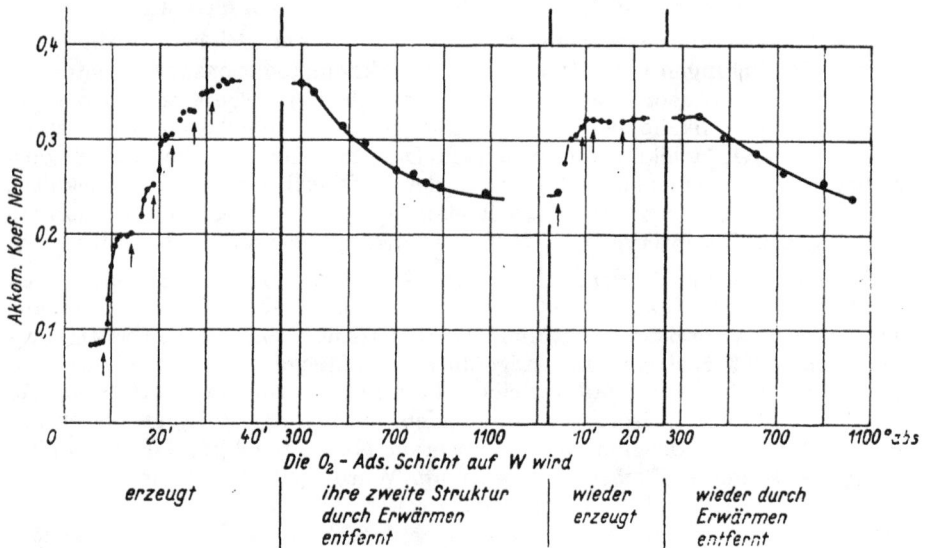

Abb. 58.

Bildung der ersten Sauerstoff-Adsorptionsschicht auf W und Entfernung der zweiten Teilstruktur derselben durch Erwärmen bis 1100⁰ abs (nach Roberts).

über 1700° abs instabil wird und zu verdampfen beginnt, wurde eine Adsorptionswärme von 134 kcal/mol[1] gefunden, für die zweite Struktur mit kleinerer Bindung, die schon bei Temperaturen von 1100° abs zu verdampfen beginnt, der viel kleinere Wert von 48 kcal/mol. Zur Messung der noch kleineren Adsorptionswärme der dritten, durch van der Waals-Kräfte an die ersten beiden als Unterlage gebundenen Struktur erwies sich die Empfindlichkeit der Methode als zu gering.

Eine weitere Vertiefung dieser Erkenntnisse brachte nun die gleichzeitig durchgeführte Messung der Besetzungszahlen. Für die erste Teilstruktur der chemosorbierten Schicht mit hoher Bindung (134 kcal), durch den Akkommodationskoeffizienten 0,117 gekennzeichnet, wurden auf der W-Oberfläche, die bei Annahme eines Rauhigkeitskoeffizienten von 1,1 insgesamt $8,5 \cdot 10^{14}$ W-

[1] Langmuir, I. und Villars, D. S. (Journ. Amer. chem. Soc. 53, 486, 1931) fanden im Temperaturbereich von 1856—2070⁰ abs den Wert 162 kcal/mol und Johnson, M. C., und Vick, F. A. (Proc. Roy. Soc. London (A) 151, 296 und 308, 1935; 165, 148, 1938) im Temperaturbereich 2362—2548⁰ abs den Wert 147 kcal/mol.

Atome enthielt, insgesamt $3,8 \cdot 10^{14}$ O_2-Moleküle adsorbiert, also etwa ein Zehntel weniger als H_2-Moleküle. Der gesamten, durch Ausbildung der zweiten Teilstruktur vollständig gewordenen, chemosorbierten Schicht mit dem Sättigungswert 0,226 des Akkommodationskoeffizienten entsprach eine Zahl von insgesamt $4,6 \cdot 10^{14}$ O_2-Molekülen, so daß auf die zweite Teilstruktur der chemosorbierten Schicht mit der kleineren Bindung (48 kcal) rund jenes Zehntel entfiel, das in der ersten Teilstruktur hoher Bindung fehlte. Die Besetzungszahl in der dritten Struktur variierte entsprechend dem oben gesagten mit dem Druck; sie betrug bei den höchsten in diesen Versuchen erreichten Drücken von 10^{-2} mm Hg rund ein Drittel der verfügbaren Plätze.

Die Gesamtheit dieser Ergebnisse über die O_2-Adsorptionsschicht auf W fassen nun Roberts und Mitarbeiter in folgendem Bilde zusammen: Die ersten auf die reine W-Oberfläche auffallenden O_2-Moleküle werden sofort atomar so fest gebunden, daß sie bis zu Temperaturen von $1000°$ abs unbeweglich auf der W-Oberfläche sitzen. Daß die Bindung atomar erfolgt, geht aus der hohen Adsorptionswärme von 134 kcal hervor, die der Dissoziationswärme des O_2-Moleküls von rund 120 kcal sehr nahe liegt. Es werden bei diesem Vorgang die beiden Atome des einfallenden O_2-Moleküls auf zwei unmittelbar nebeneinander liegenden freien W-Atomen gebunden. Man kann die so entstehende Struktur als eine OW-Adsorptionsschicht bezeichnen. Ihr entspricht der Sättigungswert 0,117 des Neon-Akkommodationskoeffizienten, die Adsorptionswärme 134 kcal und die Verdampfungstemperatur von über $1700°$ abs. Ist die Bedeckung mit dieser ersten Teilstruktur schon weit fortgeschritten, so sind nicht mehr immer zwei freie Plätze nebeneinander für ein einfallendes O_2-Molekül verfügbar. Man kann durch einfache statistische Betrachtungen nachweisen, daß schließlich bei einer nahe an eine vollständige monoatomare Schicht fortgeschrittenen Bedeckung mit Rücksicht auf die hohe Beweglichkeit der in der zweiten Schicht mit schwacher Bindung adsorbierten Moleküle in der ersten Schicht nur mehr Einzelplätze in einer Zahl von 10% vorhanden sind. Hier erfolgt nun die Adsorption eines ganzen O_2-Moleküls, aber natürlich ist jetzt die Bindung schwächer, die so entstehende Struktur kann mit dem Symbol OOW gekennzeichnet werden. Ihr entspricht der Neon-Akkommodationskoeffizient 0,226, die Adsorptionswärme 48 kcal und eine Verdampfungstemperatur von $1100°$ abs. Das Ergebnis dieser statistischen Betrachtungen ist in bester Übereinstimmung mit der experimentellen Tattache, daß die zweite Teilstruktur der chemosorbierten Schicht rund ein Zehntel Moleküle der Gesamtschicht enthält. Auf dieser aus zwei durch hohe, aber verschiedene Bindung festgehaltenen Teilstrukturen bestehenden ersten Sauerstoffschicht auf W, die man also nur mit einer gewissen Einschränkung als monoatomar bezeichnen kann, sitzt nun bei etwas höheren Drucken eine zweite Schicht, deren Besetzungszahl entsprechend der physikalischen Natur der Adsorption mit dem Drucke zunimmt und die durch schwache van der Waals-Kräfte an die darunterliegenden Sauerstoffatome gebunden ist.

Schon aus dieser kurzen Zusammenfassung der durch sehr sorgfältig und sauber durchgeführte Versuche erzielten Ergebnisse und deren auf gleich sorgfältige Überlegungen gestützten Deutung kann ersehen werden, ein wie weit ins Einzelne gehendes Bild über den Vorgang der Bildung einer dünnen Adsorptionsschicht und der dabei wirksamen Kräfte erreichbar ist, wenn der Akkommodationskoeffizient eines Edelgases als Indikator verwendet wird und seine Messung mit den gleichzeitig unter möglichst gleichen Bedingungen durchgeführten Messungen anderer physikalischer, die Adsorption charakterisierender Größen kombiniert wird.

Vielleicht noch eindringlicher aber zeigen dies die Ergebnisse, die mit der gleichen Methode für den Fall erhalten wurden, daß gleichzeitig oder nacheinander sowohl Wasserstoff als auch Sauerstoff von der W-Oberfläche adsorbiert werden können. Denn diese Ergebnisse sind für eine ganze Reihe von katalytischen Erscheinungen, besonders Vergiftung und Entgiftung von katalysierenden Oberflächen, von grundsätzlicher Bedeutung.

Wird zuerst H_2 auf W adsorbiert, so zeigt der Akkommodationskoeffizient durch seinen Anstieg von 0,07—0,16 an, daß und wann die gebildete H-Schicht vollständig ist. Sobald dies eingetreten ist, werden alle Spuren von H_2 aus dem Edelgas Ne entfernt, O_2 in kleinsten Dosen zugelassen und die Änderungen des Akkommodationskoeffizienten verfolgt. Er steigt bis auf 0,3 an, also den für eine Sauerstoffadsorptionsschicht charakteristischen Wert und ebenso zeigt die Wärmeentwicklung am W-Draht das Stattfinden der O_2-Adsorption an. Jedoch zeigte die gleichzeitige Druckmessung gar keine Druckabnahme, wie sie beim Verschwinden von Gasmolekülen durch Adsorption hätte eintreten müssen. Daher wird aus diesen Ergebnissen der Schluß gezogen, daß der Sauerstoff den vorher in monoatomarer Schicht auf der W-Oberfläche adsorbierten Wasserstoff verdrängt, Molekül je Molekül desorbiert, so daß die Zahl der Moleküle im Gas und daher auch der Druck keine Änderung erfährt. Um diese Schlußfolgerungen vollkommen zu sichern, stellte Roberts eine Ergänzung der Versuche durch sorgfältige Gasanalyse in Aussicht, jedoch sind Ergebnisse darüber nach Kenntnis des Verfassers bisher nicht veröffentlicht worden.

Durch diese Untersuchungen und ihre Ergebnisse sind die engen Beziehungen aufgezeigt, welche zwischen der den Energieaustausch an Phasengrenzflächen kennzeichnenden Größe, dem Akkomodationskoeffizienten, und dünnsten Schichten bestehen. Ähnlich enge Beziehungen gibt es aber auch zwischen der den Stoffaustausch charakterisierenden physikalischen Größe, dem Kondensationskoeffizienten, und dünnsten Schichten. Ohne auf Einzelheiten einzugehen sei nur kurz darauf hingewiesen, daß fast alle experimentellen Arbeiten zur eingangs erwähnten, bisher noch nicht befriedigend geklärten Frage der sogenannten kritischen Kondensationstemperatur, sich der experimentellen Methodik der dünnen Schicht als Hilfsmittel der Forschung bedienen[1]. Mit derselben Methodik ist auch eine Reihe quantitativer Ergebnisse über die mit den beiden Größen eng verknüpfte mittlere Verweilzeit adsorbierter Atome oder Moleküle gewonnen worden[2].

[1] Siehe u. a. Chariton, J., und Semenoff, N.; Z. Phys. 25, 287, 1924; Cockcroft, J. D., Proc, Roy. Soc. London (A), 119, 293, 1928; Gen, M., Lebedinsky, M., und Leipunski, O., Phys. Z. Sowj. 1, 571, 1932; Sampson, M. B., und Anderson, P. Phys. Rev. 50, 385, 1936.

[2] Siehe u. a. Cockcroft, l. c.; Morrison u. Roberts, l. c,; Johnson, M. C. u. Vick, F. A.; Proc. Roy. Soc. London (A) 151, 308, 1935; Dobrezow. L. N., u. Morozov G. A.; Phys. Z. Sowj. 9, 352, 1936, Taylor u. Langmuir, l. c.; Knauer, F.; Z. Phys. 125, 278, 1948.

IX. MONOMOLEKULARE SCHICHTEN AUF WASSEROBERFLÄCHEN, DIMENSIONEN UND STRUKTUR ORGANISCHER MOLEKÜLE UND DAS EIWEISSPROBLEM

Die Physik dünner Schichten erhielt, wie an anderer Stelle näher ausgeführt wurde, ihre ersten entscheidenden Anstöße für ihre Entwicklung auf den verschiedensten physikalischen Gebieten um die Mitte des vorigen Jahrhunderts. Zu dieser Zeit tauchte auch die Erkenntnis auf, daß vor allem die dünnste, nur eine oder wenige Atom- oder Moleküllagen dicke Schicht dadurch, daß eine ihrer Dimensionen von molekularer Größe ist, ein wichtiges Hilfsmittel für jene Forschung sein müsse, deren Ziel das Vordringen in molekulare Bereiche ist. In den Untersuchungen Plateaus[1] (1847—1861), die aus dieser Erkenntnis heraus ganz bewußt gerade an dünnsten Schichten vorgenommen wurden, wird sie zum ersten Mal in die Tat umgesetzt. Sie tritt in der diesen Untersuchungen zugrunde liegenden Fragestellung nach der Reichweite der Molekularkräfte aufs deutlichste zutage. Letztere soll dabei in der Weise bestimmt werden, daß jene geringste Dicke einer Flüssigkeitshaut gemessen wird, bei der diese eben noch als zweidimensionales Gebilde bestehen kann, ohne zu zerreißen.

Es ist bemerkenswert, daß auch hier die Physik dünner Schichten nach einer erfolgreichen Entwicklung nach vielen Jahrzehnten zur gleichen Fragestellung zurückkehrt, wie es ja auch in der Frage nach den dem makroskopischen Ferromagnetismus zugrunde liegenden Elementarphänomenen, oder im Gebiete der Interferenzerscheinungen an dünnen Blättchen der Fall war. Langmuir[2] selbst, dessen eigener Beitrag mit dem seiner Schüler und Mitarbeiter bei der Grundlegung und Weiterentwicklung des Gesamtgebietes der Physik dünner Schichten ein außerordentlicher ist, hat darauf hingewiesen, daß die gleiche Fragestellung die treibende Kraft beim Beginn seiner Untersuchungen an dünnen Schichten gewesen ist.

Unter den verschiedenen Arten dünner Schichten, deren sich Langmuir und seine Mitarbeiter als Hilfsmittel bei der Erforschung dieser physikalischen Grundfrage bedienten, nahmen die monomolekularen Schichten organischer Substanzen auf flüssigen Trägergrenzflächen, vor allem auf Wasseroberflächen, einen breiten Raum ein. Die immer neuen Fragen, die sich aus der Deutung der Ergebnisse der Versuche an solchen Schichten ergaben, denen jene erste Fragestellung zugrunde lag, haben zu einer Entwicklung dieses Gebietes geführt, das eine weitgehende innere Geschlossenheit zeigt[3]. Über die ersten,

---

[1] Plateau; Rech. experim. etc., Mém. de Brux, (5) 16, 35, 1847 und 33, 44, 1861.

[2] Langmuir, I.; Proc. Roy. Soc. London (A) 170, 1, 1939.

[3] Einen sehr guten Überblick über das gesamte Gebiet, an dessen Entwicklung deutsche Forschung fast kaum beteiligt gewesen ist, über seine Methoden, Ergebnisse und Probleme, findet man in dem zusammenfassenden Bericht von Trurnit, H. J.; Fortschr. der Chem. der Naturstoffe, 4, 347, 1945.

rein physikalischen Fragestellungen hinaus reicht es heute schon weit in die Gebiete der Chemie, vor allem der organischen Chemie und der Biochemie, ferner in die der Physiologie, Biologie usw. hinein und verspricht hier noch viele wertvolle Beiträge zur Forschung zu liefern.

Hier ist fast alles noch aktuelles Problem, aber das rein physikalische der Fragestellung tritt dabei schon oft stark oder vollkommen in den Hintergrund. Der Gesichtspunkt, der aus dieser Fülle die Auswahl der eng begrenzten Fragen bestimmte, die hier in diesem letzten Abschnitt kurz besprochen werden, ist ein doppelter gewesen. Erstens sollten die behandelten Fragen zeigen, wie sehr die von rein physikalischen Experimenten ausgehende Forschung an der dünnen Schicht über ihre Grenzen hinaus mit wertvollen Beiträgen in andere benachbarte Wissensgebiete hineinreicht. Zweitens soll aufgezeigt werden, in welch quantitativer Weise die dünne Schicht und die ihr angepaßte experimentelle Methodik das schon in den ersten Versuchen Plateaus zu diesem Thema erstrebte Vordringen in die Bereiche molekularer Dimensionen ermöglicht. Die Tatsache, daß sie es heute schon gestattet, nicht nur die Dimensionen organischer Moleküle mit hoher Genauigkeit zu bestimmen, sondern auch feinere Einzelheiten ihrer Struktur zu enthüllen, wodurch oft wichtige Beiträge zur Konstitutionsermittlung dieser komplizierten Moleküle geliefert werden, soll schließlich ein neuer Hinweis darauf sein, daß auch in diesem Gebiet die Rückkehr zu einer alten Fragestellung auf ungleich höherer Ebene erfolgte.

Werden hochmolekulare, wasserunlösliche Substanzen in sehr kleiner Menge auf eine Wasseroberfläche gebracht, so zeigt die Beobachtung, daß es drei Möglichkeiten des Verhaltens gibt. Sie stehen im engsten Zusammenhang damit, ob die Substanzmoleküle polare Gruppen, wie sie etwa die Hydroxylgruppe —OH, oder die —COOH-Gruppe mit ihren großen elektrischen Dipolmomenten sind, enthalten oder nicht.

1. Eine Gruppe dieser organischen Substanzen, auf die Wasseroberfläche gebracht, breitet sich auf dieser nicht aus, vielmehr bleibt sie auf dieser als Partikel oder Linse liegen (z. B. Paraffinöl). Dies ist dann der Fall, wenn die Substanzmoleküle keine polaren Gruppen enthalten.

2. Eine zweite Gruppe dieser Substanzen breitet sich wohl aus, bildet dabei jedoch eine dünne Schicht solcher Dicke, daß sie unter Umständen bis in den Bereich der Interferenzfarben hineinreicht. Dies ist dann der Fall, wenn nur ein Teil der Moleküle polare Gruppen enthält (z. B. geröstete Mineralöle).

3. Eine dritte Gruppe, in sehr geringen Mengen auf die Wasseroberfläche aufgebracht, breitet sich in sehr dünnen, und zwar einmolekularen Schichten aus, die auch kurz als H-Schichten bezeichnet werden. Bedingung für dieses Verhalten ist, daß alle Moleküle polare Gruppen enthalten (z. B. langkettige Fettsäuren, Alkohole, Nitrile usw.). Die Spreitung wird bewirkt durch die starken Anziehungskräfte, die zwischen den polaren Gruppen in den Substanzmolekülen und den Molekülen des Trägers bestehen.

Die einmolekularen Schichten dieser letzten Gruppe von organischen Substanzen sind es, die für die in die molekularen Bereiche vordringende Forschung ständig zunehmende Bedeutung gewonnen haben.

Daß diese Schichten einmolekular sind, ist durch eine große Zahl von Meßergebnissen sichergestellt. Als einfachster Nachweis kann eine Dickemessung gelten; diese geschieht in ebenfalls einfachster Weise dadurch, daß man das Gewicht G der auf eine bestimmte gemessene Wasseroberfläche S aufgebrachten Substanz bestimmt, die gerade für die Bildung einer ersten vollständigen Schicht ausreicht. Nimmt man vorerst an, daß die Dichte s der Substanz in der dünnen Schicht dieselbe sei, wie die Dichte der gleichen Substanz in kompaktem Zustand, dann gilt die einfache Beziehung $G = s \cdot d \cdot S$, aus der die Schichtdicke d berechnet werden kann. Ein Vergleich mit der aus Röntgendaten bekannten Kettenlänge der Moleküle zeigt dann, daß die so berechneten Schichtdicken dieser höchstens gleich oder kleiner sind. Genauere Methoden der Schichtdickebestimmung werden weiter unten erwähnt, aber schon durch die mit dieser einfachen Methode erhaltenen Werte ist sichergestellt, daß die Schichten monomolekular sind.

Es ist ein Charakteristikum der Forschung an diesen monomolekularen Schichten, daß ihre Grundlage immer ein in drei Teile zerfallendes Grundexperiment ist. Der erste Teil ist die Herstellung der Filme, der zweite Teil ist eine erste Messung, nämlich die des Schubes[1], der dritte Teil ist eine zweite Messung, die des Voltapotentials der Grenzfläche, auf die der Film aufgebracht wurde, gegen Luft.

Für die uns hier beschäftigende Frage nach der Ermittlung der Dimensionen der Moleküle und der Einzelheiten ihres Baues bilden die Ergebnisse der beiden Grundmessungen an solchen Filmen, der des Schubes und der des Voltapotentials, zu denen noch die weiter oben erwähnte Messung der Schichtdicke tritt, die ausschließliche Grundlage, wobei das Schwergewicht auf der ersteren liegt.

Zum Zwecke leichteren Verständnisses sei daher ganz kurz auf die drei Teile des Grundexperimentes eingegangen.

Die Herstellung. Das Verfahren zur Herstellung dieser Schichten, das in den an Zahl rasch zunehmenden Untersuchungen ständig mehr und mehr ausgebaut und verfeinert wurde und wird, geht auf Agnes Pockels[2] zurück und ist in seinen Grundzügen unverändert und einfach geblieben. In einer flachen, rechteckigen, äußerst sauberen Schale, möglichst aus Glas oder Quarz, deren Ränder durch dünne Überzüge von Paraffin oder Eisenstearat unbenetzbar gemacht worden sind, befindet sich als Träger der Schichten reinstes Wasser. Um auch dessen Oberfläche immer wieder in einfacher Weise sauber machen zu können, kann man es so bis zum unbenetzbaren Rande füllen, daß man mit einem prismatischen, paraffinierten Glasstab über die Oberfläche hinstreichen und so jede Fremdschicht oder Staubteilchen gewissermaßen abschaben kann. Sorgfältigste Messungen der Oberflächenspannung, die ein besonders empfindliches Kriterium für die Reinheit der Oberfläche ist, zeigen, daß dies eine sehr wirksame Art der Reinigung ist.

Auf diese Oberfläche bringt man nun einen oder zwei Tropfen eines flüchtigen Lösungsmittels (z. B. Benzin), in dem eine winzige Menge der zu spreitenden Substanz gelöst ist. Bei der Ausbreitung des Tropfens auf der

---

[1] „Schub" (Dyn/cm) entspricht im zweidimensionalen dem „Druck" (Dyn/qcm) im dreidimensionalen.

[2] Siehe S. 11.

Wasseroberfläche verschwindet das Lösungsmittel durch Verdunsten schnell und es bleibt die dünne Schicht der organischen Substanz zurück.

Diese einfache Methode der Spreitung erfährt dann verschiedene Änderungen, wenn es sich, wie besonders bei den Eiweiß-Schichten entweder um wasserlösliche Proteine oder aber um sehr schwer spreitbare Proteine handelt. Da durch diese Änderungen, die mehr als Kunstgriffe und Tricks bezeichnet werden können, das Grundsätzliche der Methode wenig berührt wird, erscheint es unnötig und würde den gesetzten Rahmen dieses Abschnittes weit überschreiten, darauf hier im einzelnen einzugehen.

Für bestimmte Zwecke, darunter für die uns im Rahmen dieses Abschnittes besonders interessierende Frage der Schichtdickemessung, die für die Bestimmung der Dimensionen der Moleküle wichtig ist, können die H-Filme

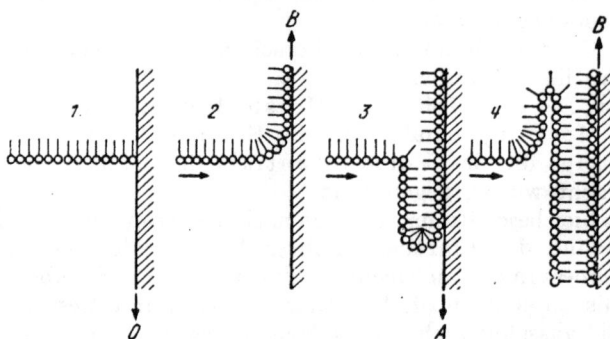

Abb. 59.

Schematische Darstellung des Vorganges beim Aufbau von K-Filmen.

unter bestimmten experimentellen Bedingungen auf feste Träger wie Glas, Metalle, Quarz usw. übertragen werden und werden dann Aufbauschichten oder K-Filme genannt. Nach einem von Katherine Blodgett entwickelten Verfahren[1] geschieht dies in folgender Weise: Nach Herstellung der Monoschicht auf Wasser und Zusammenschieben derselben bis zu dem Schub, der dem zweidimensionalen festen Zustand entspricht[2], wird die feste Trägerplatte, etwa ein Mikroskopdeckgläschen, mit mäßiger und möglichst konstanter Geschwindigkeit senkrecht durch die Schicht und Wasseroberfläche bewegt. Dabei geschieht folgendes: Ist der Träger sauber, so bleibt er beim ersten Eintauchen unbedeckt (Abb. 59a). Beim ersten Austauchen jedoch bleiben die unmittelbar am Träger liegenden Moleküle mit ihren hydrophilen Enden auf der Oberfläche desselben haften, drehen sich um 90° und werden mit herausgezogen (Abb. 59b); die an diese anschließenden Moleküle werden bei weiterem Austauchen des Trägers durch den konstant wirkenden Schub

[1] Blodgett, K.; J. Amer. Chem. Soc. 56, 495, 1934; 57, 100, 1935; Phys. Rev. 57, 921, 1940; J. phys. Chem. 41, 975, 1937. Blodgett, K., und Langmuir, I.; Phys. Rev. 51, 964, 1937. Als erster hat Langmuir (J. Amer. Chem. Soc. 39, 1848, 1917) gezeigt, daß eine solche Übertragung möglich ist und daß im übertragenen Film die Ordnung und Orientierung der Moleküle die gleiche ist, wie im Film auf der Wasseroberfläche.

[2] siehe weiter unten S. 131.

heran- und auf diesen aufgeschoben und bedecken so die Trägeroberfläche lückenlos mit einer monomolekularen, orientiert auf ihr sitzenden Schicht. Wird der so bedeckte Träger nun wieder eingetaucht, so wird in ähnlicher Weise eine zweite Einschicht mitgezogen, nur mit dem Unterschiede, daß jetzt die hydrophilen Enden der Moleküle nach außen zeigen (c); beim zweiten Austauchen legt sich über diese beiden Schichten eine dritte, jedoch mit den hydrophilen Enden wieder nach innen weisend (d) usw., usw. Unter günstigen Bedingungen kann man viele Hundert Moleküllagen orientiert übereinander legen und auf diese Weise Schichtdicken erzielen, die schon Interferenzfarben zeigen. Ihre Dicke kann mit optischen Interferenzmethoden genau gemessen werden. Dies aber gibt, da die Zahl der übereinander liegenden Schichten durch Zählen beim Aufbauprozeß bekannt ist, die Möglichkeit, die Dicke einer einzigen Moleküllage ziemlich genau zu berechnen.

Für die Zwecke dieser interferometrischen Dickemessung werden die Aufbauschichten oft auch als Treppenschichten hergestellt. Dies geschieht, indem die Eintauchtiefe der festen Trägerplatte in regelmäßig gleicher Weise nach Aufbringen einer bestimmten Zahl von Monoschichten vermindert wird. Man kann diese Weise je nach Wunsch eine Treppenhöhe von ein, zwei oder mehr Moleküllagen herstellen (Abb. 67).

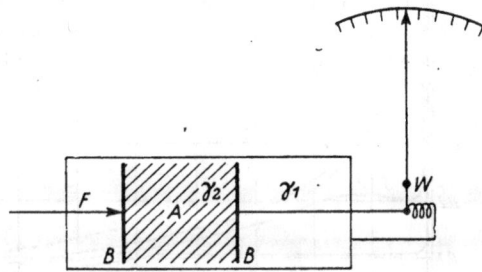

Abb. 60.

Zur Schubmessung.

Messung des Schubes. Die wichtigste Grundlage dieses Forschungsgebietes ist die Schubmessung an den Monoschichten bzw. die aus ihr sich ergebenden Schub/Oberfläche-Kurven (F/A-Diagramm). Sie wird so durchgeführt, daß der auf der reinen Wasseroberfläche zwischen zwei beweglichen Barren liegende Film durch Bewegung des einen zusammengedrückt wird und der dabei auf den anderen Barren ausgeübte Druck mit einer sehr empfindlichen Waageanordnung irgendwelcher Art als Funktion der Filmfläche A[1] zwischen den Barren gemessen wird, wie es schematisch in Abb. 60 angedeutet ist. Der auf den Schwimmer ausgeübte Schub F ist gleich der Differenz der Oberflächenspannungen ($F = \gamma_1 - \gamma_2$) rechts und links von ihm also der der reinen Wasseroberfläche (γ_1) und der der filmbedeckten Wasseroberfläche (γ_2). Diese Messung des Schubes im Zweidimensionalen entspricht vollkommen einer Druckmessung im Dreidimensionalen, wobei sich der zu komprimierende Körper etwa in einem zylindrischen Raum zwischen zwei Kolben befindet.

Messung des Voltapotentials. Beim Aufbringen eines Films auf die Wasseroberfläche ändert sich im allgemeinen das Voltapotential der Grenzfläche reines Wasser/Luft ziemlich erheblich[2]. Werden die Filme komprimiert, so treten neben den Schubänderungen und, mit diesen oft in sehr charakteristischer Weise verknüpft, auch Änderungen des Voltapotentials ein. Dies

---

[1] Als Fläche je Filmmolekül ausgedrückt, also $A = S/N$; $N =$ Zahl der Filmmoleküle.

[2] Größenordnung bis 1 V.

ist ohne weiteres verständlich, da ja polare Moleküle oder polare Gruppen in Molekülen große elektrische Dipolmomente haben. Bei jeder Änderung der Dichte oder der Orientierung der Filmmoleküle muß sich das Gesamtmoment oder der Potentialsprung ΔV in der Schicht als Summe aller Einzeldipolmomente der Moleküle ändern. Hat man es dabei mit Molekülen zu tun, deren Form bekannt ist, und ebenso die Verteilung der elektrischen Ladungen in ihnen, also das resultierende Dipolmoment, so kann man aus der Änderung des Voltapotentials auf Änderungen in der Orientierung des Moleküls im Film relativ zur Wasseroberfläche schließen. Ist umgekehrt letztere aus irgendwelchen anderen Messungen erschlossen, so kann man aus der Änderung des Voltapotentials auf Größe und Lage des Dipolmoments im Molekül schließen. Allerdings darf dabei nicht übersehen werden, daß diese Dipole in den Schicht-Molekülen sowohl die Dipole der Wassermoleküle in der Trägeroberfläche als auch diffuse Ionenschichten unter der Oberfläche derselben beeinflussen und die Gesamtänderung des Voltapotentials sich aus diesen im einzelnen schwer zu trennenden Einzeleinflüssen zusammensetzt. Weitgehende qualitative Schlußfolgerungen, wie sie aus den Ergebnissen der Schubmessung möglich sind, können daher aus den Potentialmessungen nicht gezogen werden. Sie sind aber als Ergänzung der Grundlagen für diese Schlußfolgerungen sehr wichtig.

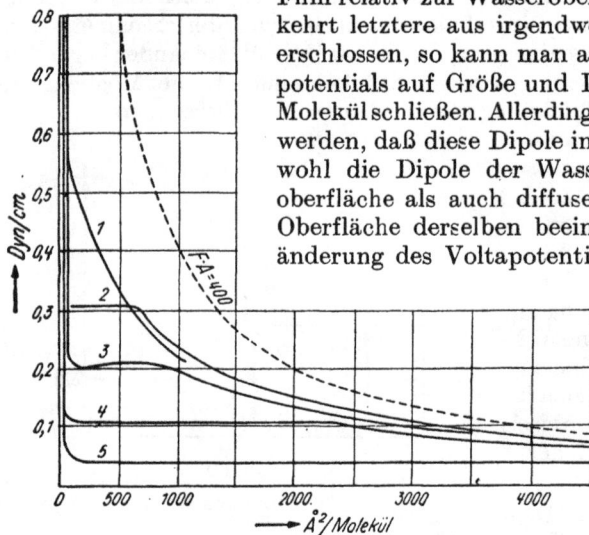

Abb. 61.

F/A-Kurven verschiedener organischer Substanzen (nach Adam[1]).

Die Messung des Voltapotentials geschieht in bekannter Weise entweder mit Hilfe von Sonden aller Art (radioaktive, Flammen-, Tropfensonden) oder mit der klassischen Voltamethode.

Die quantitative Bestimmung der Moleküldimensionen. Die Grundlage dieser Bestimmung sind zwei Messungen, nämlich die des Schubes als Funktion der Filmfläche und die der Schichtdicke. Die erstere gibt einen Querschnitt des Moleküls, die letztere die zu diesem senkrechte dritte Dimension.

Man geht bei der Schubmessung von einem Anfangszustand des Filmes aus, in dem eine sehr geringe Zahl von Filmmolekülen sich auf einer relativ großen Fläche zwischen den beiden Barren der Abb. 60 befindet, so daß die Moleküle sich in Entfernungen befinden, die gegenüber ihren eigenen Dimensionen groß sind. Im Dreidimensionalen entspricht dies dem Zustand eines Gases, da ja auch die Filmmoleküle auf der Wasseroberfläche frei beweglich sind. Man benötigt sehr empfindliche Schubmesser für diesen ersten

[1] Adam, The Physics and Chemistry of Surfaces. 2. Aufl. Oxford, 1938.

Bereich. Komprimiert man den Film, so findet man bei vielen der Substanzen, daß zuerst zwischen Schub F und Fläche A bei konstanter Temperatur das einfache Gesetz $F \cdot A =$ const gilt, das dem Boyle-Mariotte'schen Gesetz für Gase $p \cdot v =$ const vollkommen analog ist. Die Kurve im F/A-Diagramm, die man erhält, entspricht der Zustandskurve eines Gases im p/v-Diagramm (siehe Abb. 61, Kurve 1, Laurinsäure bei 14—16° C). Die Konstante hat einen Wert, der dem Produkt $k \cdot T$ sehr nahe kommt, so daß man aus der Gültigkeit des Gesetzes $F \cdot A = k \cdot T$ schließen kann, daß hier im Zweidimensionalen ein Zustand verwirklicht ist, der im Dreidimensionalen dem gasförmigen Zustand mit seinem Gesetz $p \cdot v = k \cdot T$ vollkommen analog ist. Um eine schon aus dimensionalen Gründen erforderliche saubere Scheidung der Begriffe durchzuführen, nennt man die Filme in solchem Zustand nicht gasförmig, sondern expansiv.

Bei weiterer Kompression zeigen viele der organischen Substanzen das durch die Kurven 2—5 dargestellte Verhalten, aber nur unterhalb einer bestimmten Temperatur, während sie oberhalb dieser Temperatur eine Kurve 1 ergeben. Man erkennt, daß ganz entsprechend den Kondensationserscheinungen in Gasen bei einem bestimmten Schub ein Zustand eintritt, bei dem ersterer über einen mehr oder weniger großen Flächenbereich konstant bleibt. Der Schub, bei dem dies eintritt, hängt von der Substanz, vor allem ihrer Kettenlänge, und von der Temperatur ab. Es kann keinem Zweifel unterliegen, daß man es bei der durch den horizontalen Kurventeil gegebenen Erscheinung mit einer Kondensation im Zweidimensionalen zu tun hat. Nach Eintreten derselben liegen, wie man aus dem folgenden steilen Anstieg der Kurven sieht, die Filmmoleküle schon so eng aneinander gepackt, daß eine weitere Kompression selbst durch hohe Schübe kaum mehr erzielt werden kann.

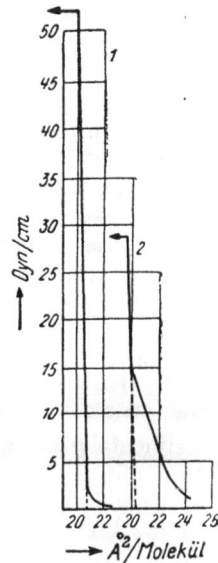

Abb. 62.

Zur Bestimmung des minimalen Flächenbedarfs (Querschnitt) eines Moleküls in einem kondensierten Film (nach Adam[1]).

Der Wert der gemessenen Kompressibilität entspricht in diesem Zustand fast dem der gleichen Substanz im massiven, festen oder flüssigen Zustand, so daß auch daraus geschlossen werden kann, daß die Moleküle in dem kondensierten Film ähnlich eng gepackt sind wie in der massiven festen oder flüssigen Substanz. Ob der Zustand des Films jetzt dem festen oder aber dem flüssigen Zustand eines dreidimensionalen Körpers entspricht, kann aus der F/A-Kurve nicht erschlossen werden. Die Probe hierfür wird gewöhnlich so durchgeführt, daß man Talkpuder auf den Film streut; ist er fest — dieser Filmzustand wird als starr bezeichnet — so bewegt sich der Talkpuder beim Blasen gegen die Oberfläche nicht; ist er flüssig — Bezeichnung hierfür beweglich — so bemerkt man bei diesem Blasen eine gewisse Beweglichkeit der Schicht. Der Übergang vom starren (festen) in den beweglichen (flüssigen) Zustand geschieht bei einer bestimmten Temperatur, so daß man von einem eigenen

---

[1] Adam, l. c.

Schmelzpunkt dieses zweidimensionalen Zustandes sprechen kann, der etwas tiefer liegt, als der der massiven Substanz.

Aus Abb. 62 ersieht man, wie man aus dem steilen Anstieg des Schubes im kondensierten Zustand eines Filmes durch Verlängerung der diesem Anstieg entsprechenden Geraden bis zum Schnitt mit der A-Achse den Flächenbedarf je Molekül beim Druck Null bestimmen kann. Dieser Flächenbedarf entspricht dann nahezu einem Querschnitt des Moleküls, da die Moleküle ganz eng gepackt sind.

Es ist eines für die Deutung der Daten der Schubmessung und für die Beurteilung der Orientierung der Moleküle zur Oberfläche bezeichnendsten Ergebnisse gewesen, daß sich dieser Flächenbedarf (Querschnitt) innerhalb ganzer Gruppen gleichgebauter organischer Substanzen völlig unabhängig von der Länge der Kohlenwasserstoffkette ergab. Damit war eindeutig gezeigt, daß die Moleküle nicht flach auf der Wasseroberfläche liegen, sondern senkrecht oder nahezu senkrecht auf dieser stehen. Das gleiche folgte aus den Dickemessungen, die, wie weiter unten gezeigt wird, ein streng regelmäßiges Anwachsen der Filmdicken mit der Länge der Kohlenwasserstoffketten im Molekül ergaben. Ihr Flächenbedarf in dieser Lage konnte entweder nur durch den Querschnitt der in der Wasseroberfläche sitzenden polaren Gruppe oder aber durch den des restlichen Kohlenwasserstoffskelettes bestimmt sein, welche beide unabhängig von der Kettenlänge sind.

Mit diesen Schlußfolgerungen stimmt, um ein Beispiel zu nennen, das experimentelle Ergebnis sehr gut überein, daß das Tristearin[1], bei dem drei Ketten mit je einer polaren Endgruppe nebeneinander liegen, e nen Querschnitt von 66 Å^2 hat, der gerade das Dreifache des Querschnittes der Stearinsäure (22 Å^2) ist, welch letztere nur aus einer dieser Ketten mit einer polaren Gruppe am Ende besteht[1].

Vergleicht man einen der so ermittelten Querschnitte, etwa den von 20,5 Å^2, der für die Fettsäuren auf Wasser, ferner für die Amine, Amide, die basischen Ester, Methylketone, Triglyzeride, Azetamide (unterhalb der kritischen Temperatur) und Harnstoffe (über der kritischen Temperatur) der gleiche ist, mit dem aus Röntgenuntersuchungen an Kristallen der gleichen Stoffe gefundenen Wert von 18,4 Å^2, so erkennt man einen kleinen, aber außerhalb der Fehlergrenzen liegenden Unterschied. Die Diskussion darüber, ob dieser Unterschied von einer gewissen Neigung der Moleküle gegen die Wasseroberfläche (diese müßte etwa 26,5° betragen) oder aber darauf zurückzuführen sei, daß im Film noch Wassermoleküle zwischen den einzelnen organischen Molekülen sitzen, worauf eine Reihe von Beobachtungen hinweisen, ist noch nicht völlig abgeschlossen und es bedarf wohl noch weiterer experimentellen Materials zu ihrer Entscheidung.

Hingewiesen sei hier auch noch auf die Tatsache, daß auch organische Moleküle, die eine phenolische Endgruppe haben, nur den geringen Querschnitt von 24,5 Å^2 ergaben. Da der Phenolring, wenn er flach auf dem Wasser

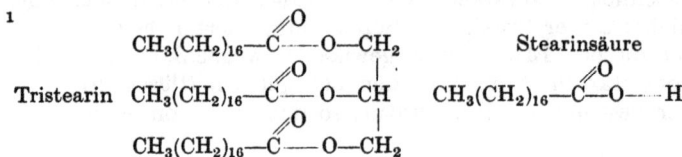

[1]
$$CH_3(CH_2)_{16}-C\overset{\nearrow O}{-\!-}O-CH_2 \qquad \text{Stearinsäure}$$

$$\text{Tristearin} \quad CH_3(CH_2)_{16}-C\overset{\nearrow O}{-\!-}O-CH \qquad CH_3(CH_2)_{16}-C\overset{\nearrow O}{-\!-}O-\!-\!-H$$

$$CH_3(CH_2)_{16}-C\overset{\nearrow O}{-\!-}O-CH_2$$

liegen würde, einen viel größeren Flächenbedarf hätte, kann man aus diesem geringen Wert nur schließen, daß die Ringe mit ihrer Ebene senkrecht auf der Wasseroberfläche stehen. Dies stimmt mit der Lage der Hydroxylgruppe am Ring[1] gut überein. Andererseits sind eine Reihe von Beispielen bekannt, wo solche Ringstrukturen flach auf der Wasseroberfläche liegen und dann einen größeren Flächenbedarf haben. Es ist dies, wie der Vergleich mit den

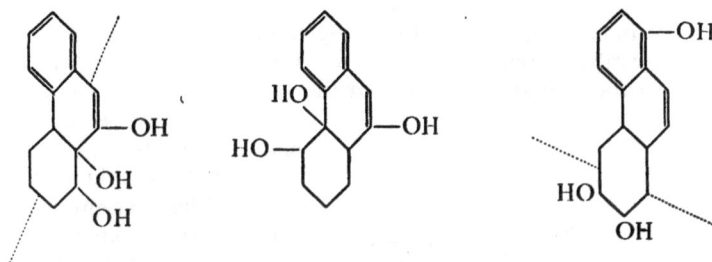

Abb. 63.

Möglichkeiten für das Grundskelett der Moleküle der Oestrongruppe (nach Adam u. a.[2])

chemischen Konstitutionsformeln zeigt, dann der Fall, wenn zwei polare OH-Gruppen an gegenüberliegenden oder nahezu gegenüberliegenden Stellen des Ringes hängen und dadurch den Ring an zwei gegenüberliegenden Stellen in der Wasseroberfläche verankern.

Die Bestimmung des minimalen Flächenbedarfs eines Moleküls aus Schubmessungen und F/A-Kurven kann nun ein wertvolles Hilfsmittel bei der Ermittlung der Konstitution von organischen Molekülen sein. Es sei dies

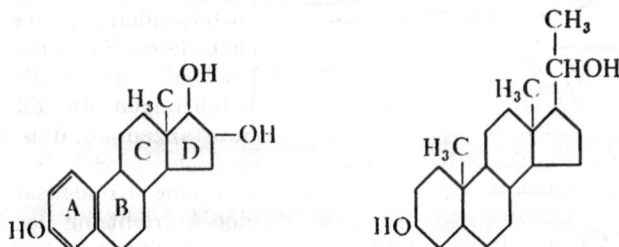

Abb. 64.

Konstitution des Oestriols (a) und des Prägnandiols (b).

ganz kurz am Beispiel der Aufklärung der Konstitution der Moleküle der Sexualhormone, der sogenannten Oestrongruppe[3], gezeigt. Die Methoden rein chemischer Konstitutionsermittlung hatten ergeben, daß das Grundskelett der Moleküle aller dieser Gruppen aus drei Benzolringen bestand, die sehr wahrscheinlich nach Art des Phenanthrens ($C_{14}H_{10}$) miteinander verbunden waren (Abb. 63); ferner, daß im Oestriol-Molekül[4] drei Hydroxyl-Gruppen

---

[1] ⬡—OH

[2] Adam, Danielli, Haslewood u. Marrian: Biochemic. J. 26, 1233, 1932.

[3] Oestron oder α-Follikelhormon.

[4] Hydrat des α-Follikelhormons.

vorhanden sind, von denen zwei alkoholische[1] und eine eine phenolische[2] ist. Es war jedoch nicht mit Sicherheit bekannt, an welchen Stellen der Ringe diese Hydroxyl-Gruppen hafteten. Die drei auf Grund der rein chemischen Konstitutionsermittlung schließlich diskutierten Möglichkeiten sind in Abb. 63 skizziert, wobei Butenandt, der bei der chemischen Konstitutionsermittlung Hauptbeiträge geliefert hatte, und seine Mitarbeiter zu der Struktur 1 oder 2 neigten.

Die Schub- und Voltapotentialmessungen an Filmen von Abkömmlingen des Oestriols ermöglichten nun durch die Deutung der erzielten Ergebnisse diese Lokalisierung und zeigten, daß nur die Form 3 in Frage kommen konnte.

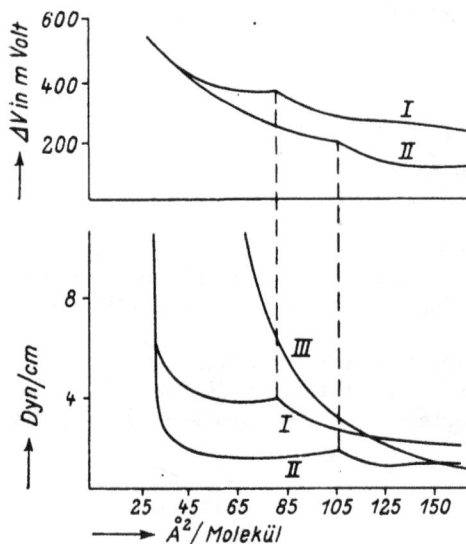

Abb. 65

Filmverhalten von Oestriol-Derivaten (nach Adam u. a.[3]).

Die Schubmessung ergab, wie man aus den beiden Kurven I und II der Abb. 65 erkennen kann, zuerst bei kleinen Schüben F/A-Kurven, die dem expansiven Filmzustand entsprechen. Die große, über 100 Å² betragende Fläche pro Molekül zeigt an, daß die Moleküle dabei flach auf der Wasseroberfläche liegen müssen, da sonst ein so großer Flächenbedarf nicht zu erklären wäre. Bei 105 Å² bzw. 85 Å² Fläche pro Molekül tritt eine unstetige Änderung sowohl in den F/A-Kurven als auch in den Voltapotentialkurven auf. Die links etwas ansteigenden Äste der F/A-Kurven nach diesem Knickpunkt zeigen mit Rücksicht auf vielfache ähnliche Erfahrungen an Filmen anderer Substanzen an, daß bei den entsprechenden Schüben nicht eigentlich eine Kondensation, sondern eine Aufrichtung der Moleküle beginnt, was durch die plötzlich und gleichzeitig eintretende Änderung des Voltapotentials erhärtet wird, da beim Aufrichten der Moleküle die mit diesen starr verbundenen elektrischen Dipole ihre Lage zur Wasseroberfläche ebenfalls ändern.

Aus der aus dem großen Flächenbedarf von rund 100 Å² pro Molekül beim Ende des expansiven Zustandes gefolgerten Tatsache, daß die Moleküle im expansiven Zustand flach liegen, muß geschlossen werden, daß die Hydroxylgruppen an entgegengesetzten Stellen des Ringes liegen, so daß sie diesen gleichzeitig an zwei solchen Stellen in der Wasseroberfläche verankern. Daß es dabei die phenolische Hydroxylgruppe mit ihrer schwächeren Verankerung in der Wasseroberfläche ist, die möglichst entfernt von den beiden alkoholischen liegt, ist aus der Leichtigkeit zu schließen, mit der bei relativ geringen

---

[1] d. h. unmittelbar am aromatischen Kern haftend.

[2] In einer Seitenkette am aromatischen Kern haftend.

[3] Adam, Danielli, Haslewood u. Marrian; Biochemic. J. 26, 1233, 1932

Schüben die Moleküle aus der Stellung der flach auf der Wasseroberfläche liegenden Ringe aufgerichtet werden können; daß die beiden alkoholischen OH-Gruppen aber nebeneinander liegen müssen, war nicht nur aus der rein chemischen Konstitutionsermittlung geschlossen worden, sondern folgte auch aus dem Filmverhalten. Denn dieses zeigte eine große Stabilität des Films, die erfahrungsgemäß nur dann vorhanden ist, wenn eine starke Verankerung in der Wasseroberfläche durch starke polare Gruppen besteht (Abb. 66).

Eine Bestätigung dafür, daß die Moleküle im Flächenbereich von etwa 100 Å^2 bis zum minimalen Grenzwert von 32,5 Å^2 aus liegender Stellung bis zu senkrechter Lage aufgerichtet werden, ist in der Kleinheit dieses Grenzwertes zu erblicken. Aus den drei Tatsachen, daß 1. die alkoholischen Hydroxyle als stärkste polare Gruppen in der Endstellung des Moleküls bei hohem Schub nebeneinander in der Wasseroberfläche liegen müssen, daß ferner 2. der minimale Flächenbedarf in dieser Stellung den so kleinen Wert von 32,5 Å^2 hat und 3. die phenolische Hydroxylgruppe an einer weit von der alkoholischen und dieser gegenüberliegenden Stelle hängen müsse, folgt nun sofort, daß die als möglich diskutierten Formelbilder 1 und 2 unmöglich sind. Denn ein Molekül der Konstitution 1 würde wohl um die gestrichelt eingezeichnete Linie als Achse aufrichtbar sein, würde dann aber, wie man unmittelbar aus dem Formelbild sieht, einen viel größeren Flächenbedarf haben. Rechnung und Kontrollversuche an Modellen geben hierfür 70 Å^2, was mit dem experimentell gefundenen Wert vollkommen im Widerspruch ist.

Pregnandiol-Moleküle, flachliegend, nicht aufrichtbar

Oestriol-Moleküle, flachliegend, aufrichtbar

Schub → ← Schub

Oestriol-Moleküle im Zuge der Aufrichtung

Abb. 66.

Schematische Bilder zur Verankerung der Oestriol- und Pregnandiol-Moleküle in der Wasseroberfläche durch ihre Hydroxylgruppen.

Ein Molekül der Konstitution 2 aber würde, weil in der Mitte durch drei Hydroxylgruppen verankert, überhaupt nicht aufrichtbar sein, auch nicht durch hohen Schub, und würde ebenfalls einen viel größeren minimalen Flächenbedarf haben als 32,5 Å^2. Somit blieb als letzte Möglichkeit nur die im Formelbild 3 dargestellte, die sich dann bei der Aufstellung der endgültigen Oestriolformel (Abb. 64) mit ihren zwei alkoholischen Hydoxylgruppen an dem einen, der phenolischen am entgegengesetzten Molekülende als richtig erwiesen hat.

Vergleicht man nun mit dieser Konstitutionsformel die des zur gleichen Gruppe gehörigen Pregnandiols (Abb. 64), so steht das experimentelle Ergebnis, daß Filme dieser Substanz im ganzen F/A-Bereich nur im expansiven Zustand existieren, im besten Einklang mit der Tatsache, daß in diesem Molekül zwei gleich starke alkoholische Hydroxylgruppen an den beiden entgegengesetzten Enden hängen; dadurch wird das Molekül in flacher Stellung auf der Wasseroberfläche so fest verankert, daß es nicht aufgerichtet und daher auch nicht durch zunehmendes Zusammendrücken eng gepackt werden kann; daher bleibt der Film gasförmig.

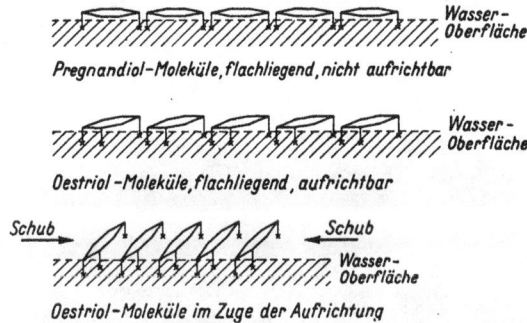

Die Schubmessungen an kondensierten Filmen gestatten, wie oben kurz gezeigt wurde, einen Querschnitt des organischen Moleküls mit relativ hoher Genauigkeit zu bestimmen. Um welchen Querschnitt es sich dabei handelt, ist in der Regel durch eine eingehende Diskussion aller an einem bestimmten Film gemachten Beobachtungen festzustellen, wie man aus den vorangegangenen kurzen Hinweisen auf die Konstitutionsermittlung einiger Sterine erkennen kann. Mit dem Querschnitt sind zwei der Dimensionen erfaßt, wenn auch noch nicht getrennt; die dritte Dimension eines Molküls wird mittels einer genauen Schichtdickenmessung bestimmt.

Eine einfache Methode zur Bestimmung derselben aus dem Gewicht G der auf eine bestimmte Wasseroberfläche S aufgebrachten Filmsubstanz mittels der Formel $G = s \cdot d \cdot S$, in der s die der Dichte der massiven Substanz gleichgesetzte Dichte im Film ist, ist schon oben kurz erwähnt worden. Als zweite Methode ist die optische Methode von Drude[1] verwendet worden, jedoch nur selten; mit ihr wird die Schichtdicke aus Änderungen des Polarisationszustandes des von einer schichtbedeckten Oberfläche reflektierten Lichtes bestimmt. Am häufigsten verwendet und gegenwärtig wohl am genauesten ist die Newtonsche Methode, die auf den Interferenzerscheinungen an dünnen Schichten beruht.[2] Sie wurde von Langmuir und Blodgett[3] für die

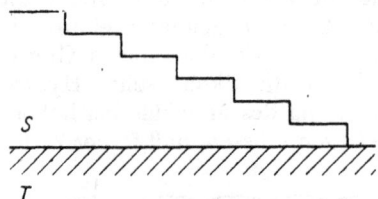

Abb. 67a.

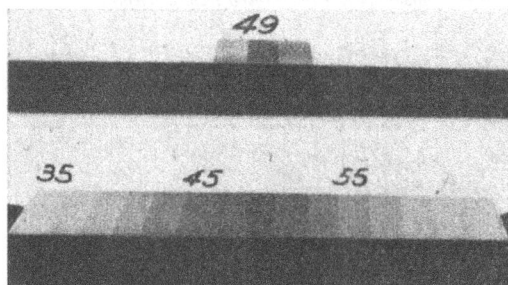

Abb. 67b.

Treppenschicht und Intensitätsverlauf in dem von ihr reflektierten, linear polarisierten, monochromatischen Licht (nach Blodgett und Langmuir).

Zwecke der Messung an monomolekularen Schichten in besonders schöner Art modifiziert und ausgebaut und ihre Genauigkeit so weit erhöht, daß Schichtdickenunterschiede von 2 Å erfaßbar sind. Grundlage dieser Meßmethode sind die weiter oben erwähnten Treppenschichten. Fällt paralleles, linear polarisiertes Licht unter bestimmtem Einfallswinkel auf eine solche Treppenschicht (Abb. 67), so ist die Intensität des von den verschiedenen Stufen reflektierten Lichtes durch die jeder Stufe entsprechende Schichtdicke gemäß der Formel bestimmt

$$I_r = \frac{r^2_I + r^2_{II} + 2 r_I r_{II} \cos \frac{4\pi}{\lambda} n_s d}{1 + r^2_I r^2_{II} + 2 r_I r_{II} \cos \frac{4\pi}{\lambda} n_s d}$$

in der r_I und r_{II} die Fresnelschen Reflexionskoeffizienten an der oberen und

[1] Bouhet, M. Ch.; Ann. de physique (10) 15, 5, 1931; Einzelheiten zur Methode von Drude in Mayer, H.; Ph. d. Sch., Bd. I.

[2] l. c. S. 59.

[3] Siehe auch Abschn. III, 1, S. 53.

unteren Grenzfläche und n_s der Brechungsindex der Schicht ist. Die Intensität des reflektierten Lichtes variiert demnach von Treppe zu Treppe nach einer cos-Funktion mit der Schichtdicke d und hat für $\cos\dfrac{4\pi}{\lambda}\,n_s d = \pm 1$

oder $d = \begin{matrix} (2\,m + 2)\dfrac{\lambda}{4}\cdot\dfrac{1}{n_s} \\[2mm] (2\,m + 1)\dfrac{\lambda}{4}\cdot\dfrac{1}{n_s} \end{matrix}$ Extremwerte. Die Steilheit des Abfalls zu dem

Minimum bei einer bestimmten Dicke und dessen Breite hängen, wie schon an anderer Stelle gezeigt wurde[1], von den Reflexionskoeffizienten r ab. Je größer diese sind, um so steiler ist der Abfall und um so enger das Minimum (Abb. 32, Seite 61) und um so größer auch die Genauigkeit der Schichtdicke-

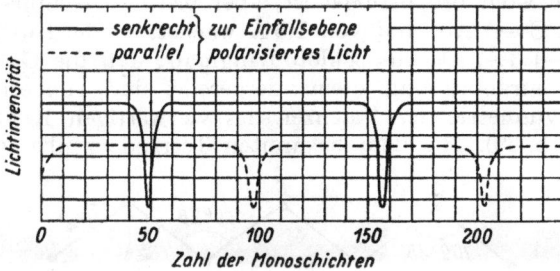

Abb. 68.

Intensitätsverlauf in dem von einer dünnen Schicht mit hohen Reflexionskoeffizienten der Grenzflächen reflektierten monochromatischen Licht (nach Langmuir[2]).

bestimmung. Mit polierten Metalloberflächen als Unterlage der Treppenschicht kann man die Treppenhöhe nach Langmuir bis auf zwei Moleküllagen vermindern und doch noch gut beobachtbare Intensitätsunterschiede in dem von den aufeinanderfolgenden Treppen reflektierten Licht erhalten; allerdings muß ein großer Einfallswinkel verwendet werden. Abb. 67 zeigt das Intensitätsbild des von einer solchen Treppe reflektierten Lichtes, bei der die Treppenhöhe je zwei Bariumstearatmoleküllagen war. Abb. 68 zeigt den steilen Abfall zum Minimum und die Schärfe desselben. Die Gesamtbreite des Minimums erstreckt sich hier nur über fünf Treppen mit insgesamt zehn Moleküllagen. Durch eine geringe Variation des Einfallswinkels kann man erreichen, daß die zwei im zentralen Teil des Minimums gelegenen Treppen gleiche Intensität haben, indem man auf Verschwinden ihrer Trennungslinie einstellt, wobei die Messung am besten mit einem Spektrometer durchgeführt wird, auf dessen Tischchen die Treppenschicht, mit einer Treppenkante parallel mit der Achse des Tischchens liegend, aufgestellt wird. Da diese Art von Einstellung der von Halbschattenapparaten ähnlich und sehr empfindlich ist, kann man nach Langmuir Dickeunterschiede bis zu 2 Å feststellen.

Natürlich muß die Gesamtdicke der Schicht schon mit der Wellenlänge des Meßlichtes vergleichbar sein. Man kann dies für jede Art von Schicht dadurch erreichen, daß man unter die zu messende Schicht, wenn sie etwa, wie bei Eiweißschichten, nicht als Aufbauschicht genügender Dicke herstell-

[1] Siehe Abschn. III, 1. S. 61.
[4] Langmuir J., Proc. Roy. Soc. London (A) 170, 1, 1939.

bar ist, zuerst eine solche Treppenschicht aus Barium-Stearat-Monoschichten erzeugt und auf diese erst die zu messende Monoschicht aufbringt.

Mit dieser Methode haben Blodgett und Langmuir[1] die Schichtdicke einer monomolekularen Barium-Stearat-Schicht und damit auch die eine Dimension (Länge) der Barium-Stearat-Moleküle bestimmt. Der gefundene Wert von 24,4 Å steht in bester Übereinstimmung mit einem Wert von 48,8 Å, der mittels Röntgenstrahlen an einer Barium-Stearat-Aufbauschicht für die Höhe von zwei Moleküllagen bestimmt wurde[2].

Diese Schichtdickenmessungen hatten für die Fettsäuren und Alkohole, deren Moleküle mit einem Querschnitt von 20,4 Å² senkrecht auf der Wasser- oberfläche stehen und mit ihren polaren Endgruppen COOH und OH in dieser verankert sind, ergeben, daß die Dicke der Schicht der Länge der Kohlen- wasserstoffkette wohl proportional ist, aber pro CH_2-Gruppe nicht um den wohlbekannten C—C Abstand von 1,5 Å wächst, sondern um den kleineren Wert von 1,2—1,3 Å. Daraus schloß Langmuir, daß die C-Atome nicht in gerader Perlschnuranordnung aneinandergereiht sind, sondern entsprechend der Tetraedersymmetrie der Valenzen des vierwertigen Kohlenstoffes zick- zackförmig (Abb. 69). Mit dem bekannten Tetraederwinkel von rund 109°

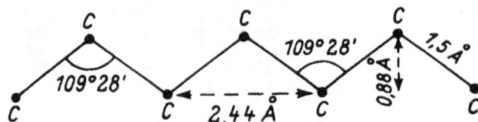

Abb. 69.

Gerüst der C-Atome für die ebene Zickzack-Kette mit dem Tetraederwinkel von 109° 28'.

erhält man dann für den Abstand der in gerader Linie übereinander liegenden übernächsten C-Atome 2,4 Å, je CH_2-Gruppe also 1,2 Å, in bester Überein- stimmung mit dem experimentellen Ergebnis. Später an Kristallen der Kohlenwasserstoffe durchgeführte Messungen mit Hilfe von Röntgenstrahlen haben diese Schlüsse quantitativ bestätigt und darüber hinaus gezeigt, daß der Querschnitt von 20,4 Å² ein rechteckiger ist. Bei höherer Temperatur aber verschwindet der Unterschied in den beiden Dimensionen dieses Recht- eckes, weil die Moleküle um ihre Längsachse zu rotieren beginnen.

Das augenblicklich aktuellste Problem für diese einer so hohen Genauigkeit fähige Methode ist, die Dimensionen von Eiweißmolekülen zu bestimmen. Es stößt jedoch, wie man deutlich aus einer Untersuchung von Langmuir und Schäfer[3] und einer darauffolgenden von Trurnit und Bergold[4] ersieht, auf ziemlich große, noch nicht ganz überwundene Schwierigkeiten. Diese sind in der experimentellen Tatsache begründet, daß die Moleküle von Eiweiß- monoschichten, die entweder durch Spreitung auf Wasseroberflächen erzeugt wurden oder, im Falle von wasserlöslichem Eiweiß, sich durch Diffusion aus dem Wasserinnern bilden, deformiert und denaturiert sind[5]. Die Deformierung

[1] Blodgett, K. und Langmuir, I.; Phys. Rev. 51, 964, 1937.
[2] Holley, C. und Bernstein, S.; Phys. Rev. 52, 525, 1937.
[3] Langmuir, I., Schäfer, J.; J. Amer. Chem. Soc. 59, 1762, 1937.
[4] Trurnit, H. J. und Bergold, G.; Kolloid ZS. 100, 177, 1942.
[5] Die Denaturierung ist aber anderer Art als die Denaturierung (Zerstörung) der Eiweißmoleküle durch Hitze.

besteht darin, daß die ursprünglich rundlichen Moleküle beim Berühren einer Grenzfläche Wasser/Luft zu flachen Gebilden werden, oft so flach, wie es der Dicke von Polypeptidketten entspricht, aus denen sie nach heutigen Anschauungen bestehen[1]. Dabei ist der Grad der Deformierung von der Fläche abhängig, die dem Eiweißmolekül zur Ausdehnung zur Verfügung steht; die Deformierung ist ferner irreversibel.

Man erkennt die Deformierung der Moleküle sofort aus den experimentell bestimmten Werten der Schichtdicke, die man mit der einfachen, oben erwähnten Methode aus dem Gewicht der aufgebrachten Filmsubstanz, aus der Größe der Wasserfläche, die sie bedeckt und aus ihrem (angenommenen!) spezifischem Gewicht berechnet. Für vollgespreitete, nicht zusammengedrückte Filme erhält man 4—8 Å. Demgegenüber beträgt der Durchmesser, den man für ein kugeliges[2] Eiweißmolekül vom Molekulargewicht 40000 berechnen kann, etwa 46 Å, also rund das Zehnfache. Man erkennt diese Entfaltung der Eiweißmoleküle aus rundlichen in sehr flache Gebilde aber auch aus den Grenzwerten des Flächenbedarfes, die man den durch Schubmessungen bestimmten F/A-Kurven kondensierter Eiweißfilme entnimmt. Für Gliadin z. B. erhält man so je nach der Unterlage (Wasserzusammensetzung) Werte von 6000—15 800 Å^2, also um Größenordnungen höhere Werte als etwa für Fettsäuren, und auch fast um eine ganze Größenordnung höher als Werte, die man bei einem Moleküldurchmesser von rund 40—50 Å berechnet. Ein dritter Beweis für die Entfaltung der Eiweißmoleküle an der Grenzfläche Wasser/Luft ist schließlich darin zu sehen, daß bei wasserlöslichem Eiweiß die Löslichkeit aus dem Film heraus bei zunehmendem Schub zufolge der Gibbschen Gleichung in Anbetracht der experimentell angewendeten Schübe und der dabei beobachteten Kompression um viele Größenordnungen zunehmen müßte, was jedoch nicht beobachtet wird.

Nach Trurnit ist das beste Bild, das man sich von dieser Veränderung von Eiweißmolekülen machen kann, entweder das eines Aufrollens von fadenförmig aneinandergereihten, durch innere Bindungen eingefalteten Polypeptidketten oder das eines Aufklappens von eben aneinandergefügten Ringketten.

Werden solche Schichten von deformierten Molekülen in der weiter oben geschilderten Art als K-Filme auf feste Träger übertragen, so erhält man etwas höhere Schichtdicken von 10—20 Å[3], aber diese sind von dem beim experimentellen Vorgang notwendigerweise anzuwendenden Schub abhängig. Es kann sich also auch nicht um den gesuchten Durchmesser eines nativen Eiweißmoleküls handeln.

Um diesen zu erfassen, verzichten Langmuir und Schäfer[4] auf die eben geschilderte Art der Aufbringung einer monomolekularen Eiweißmolekülschicht auf eine Treppenunterlage, vielmehr bringen sie native Eiweißmoleküle unmittelbar aus einer Eiweißlösung durch Adsorption auf eine solche Unterlage, indem sie einen geeignet präparierten K-Stearatfilm in die Lösung einführen. Die Präparierung besteht darin, daß man die Stearatunterlage, die

---

[1] Scheibe, G.; Naturw. 35, 168, 1948.
[2] Aus der durch Röntgenstrahluntersuchungen an Eiweißkristallen festgestellten hohen Symmetrie der Eiweißmoleküle kann auf angenähert rundliche Formen geschlossen werden.
[3] Langmuir, I., Schäfer, J. und Wrinch; Science 85, 76, 1937.
[4] Langmuir und Schäfer; l. c.

sogenannte Blodgettplatte, einige Minuten lang in eine Lösung eines Aluminium- oder Thoriumsalzes eintaucht. Auf den adsorbierten Thoriumionen werden nachher die nativen Eiweißmoleküle durch Adsorption festgehalten.

Gegenüber den Aufbauschichten besteht aber jetzt der Nachteil, daß der Vorgang der Adsorption ein Aufbringen in statistischer Unordnung ist, gegenüber der strengen Ordnung und Orientierung, die in einem Aufbaufilm vorhanden sind. Sind die Eiweißmoleküle nicht genau kugelig, sondern etwa als Rotationsellipsoide oder Prismen etwas länglich, dann liegen sie gerade wegen des statistischen Charakters des Einfallens auf die Oberfläche bei der Adsorption auf dieser unter Umständen gar nicht flach, sondern wegen Platzmangels in verschiedener Orientierung, auch schief von der Platte weg, durch ein Ende eines anderen Moleküles am Flachliegen verhindert. Auch ist die Raumerfüllung in der Schicht, die die Dichte und damit den Brechungsindex bestimmt, welch letzterer in die Schichtdickenbestimmung mit Interferenzmethoden eingeht, bei verschiedenen Formen verschieden und muß berücksichtigt werden. Trurnit und Bergold konnten zeigen, daß man bei Berücksichtigung aller dieser Faktoren aus dem Vergleich theoretisch für verschiedene Molekülformen berechneter und experimentell gemessener Werte auch Aussagen über die Form der Moleküle machen kann. Eine weitere Präzisierung derselben wäre möglich, wenn man gleichzeitig die Größe der Flächenbedeckung der adsorbierenden Unterlage durch eine bestimmte Zahl aus der Lösung zu ihr hindiffundierter Eiweißmoleküle bestimmen könnte.

Hier erkennt man die große Ähnlichkeit und den engen Zusammenhang der hier auftauchenden Fragen mit Problemen, die wir in anderen rein physikalischen Abschnitten kennengelernt haben, wie etwa bei den Fragen der Oberflächenrauhigkeit und den Methoden zu ihrer Bestimmung oder mit Fragen der Struktur von Adsorptionsschichten.

Es ist jedoch nicht nur die Frage der Dimensionen der Eiweißmoleküle, die mit dieser Methode behandelt werden kann. Vielmehr sind die oben kurz erwähnten Möglichkeiten zur Lokalisierung bestimmter Atomgruppen und bestimmter Bindungen in diesem komplizierten Molekülen und vieles andere von gleicher Bedeutung. Hierbei ist vielleicht gerade die Tatsache, daß die Eiweißmoleküle beim Spreiten sich entfalten oder aufklappen, ein sehr günstiger Umstand, weil ja dadurch die in ihrem Innern gelegenen Teile der Untersuchung zugänglich werden. Auch aus den hier gar nicht erwähnten Messungen der Viskosität, der Kompressibilität, Elastizität und anderer Eigenschaften der Eiweißfilme können Schlüsse zur Aufklärung der Struktur der nativen Eiweißmoleküle gezogen werden.

So ist schon aus der kurzen Darstellung und den wenigen Hinweisen in diesem Abschnitt erkennbar, daß die an monomolekularen Schichten auf flüssigen Trägern entwickelte Versuchs- und Meßtechnik in mehr oder weniger unmittelbarer Weise Messungen am Molekül selbst gestattet. Dadurch bietet sie auch für die Erforschung des schwierigen Eiweißmoleküls wertvolle Möglichkeiten, deren Entwicklung sich erst in den ersten Anfängen befindet.

SCHLUSSWORT

Die in diesem Buche kurz behandelten Probleme und Problemkreise, die mit der experimentellen Methodik der dünnen Schichten behandelt werden können, sind nicht ohne eine gewisse Willkür aus einer fast unendlichen Fülle herausgegriffen worden. Die Beschränkung in Umfang und Art der Behandlung, wie auch in den Schrifttumshinweisen, ist daher oft nicht leicht gewesen. Wenn neben dem Problemkreis der Supraleitungskeime der Problemkreis der Dimensionen und der Struktur von Eiweißmolekülen steht, neben dem Problemkreis der Quantenausbeute beim lichtelektrischen Effekt die Frage, an welchen Stellen im Ringskelett eines Moleküls eines Sexualhormons die Hydroxylgruppen hängen, oder neben dem Problem der Weiß-Heisenbergschen Elementarbereiche eines Ferromagneten der für die Erkenntnis der heterogenen Katalyse so wichtige Vorgang des Ablösens und Ersatzes einer monomolekularen Adsorptionsschicht bestimmter Moleküle durch eine solche anderer, bestimmter Moleküle, so zeigt sich gerade darin ein charakteristischer Wesenszug der experimentellen Methodik dünner Schichten.

Er ist es, der die genannten, so heterogenen Dinge miteinander verbindet. Denn das grundlegende Kennzeichen der dünnen Schicht ist, daß eine ihrer Dimensionen größenordnungsmäßig von molekularen Ausmaßen ist und daher der Mikrophysik angepaßte Versuchsführung und Betrachtung, d. h. im wesentlichen statistische und Quantenphysik erfordert, während die anderen beiden Dimensionen normale Ausmaße haben und makrophysikalische Versuche und Betrachtung, also im wesentlichen klassische Physik erfordern. Dieses Nebeneinander und Ineinandergreifen von Mikro- und Makrophysik bedingt die in dem Buche wiederholt betonte Tatsache, daß man mit Hilfe der Methodik der dünnen Schicht gleichzeitig das makroskopische Phänomen und das diesem zu Grunde liegende molekulare oder atomare Elementarphänomen zu erfassen vermag. Der Gesichtspunkt, vor allem dies aufzuzeigen, bedingte die Auswahl einiger der behandelten Erscheinungen.

Der zweite wichtigere Gesichtspunkt aber liegt darin, daß dadurch, daß in der dünnen Schicht sich eine ihrer Dimensionen molekularen Ausmaßen nähert oder gar diesen gleich wird, sich zwei Grenzflächen eines Körpers einander so nähern, daß die Grenzflächen bzw. Grenzschichten mit ihren besonderen Eigenschaften und Wirkungen stark oder sogar vorherrschend in Erscheinung treten. Damit ist aber aufgezeigt, daß die an dünnen Schichten beobachteten Erscheinungen sich bei aller Heterogenität, die von den Newtonschen Interferenzfarben dünner Blättchen bis zur Frage nach den Bindungen zwischen den Polypeptidketten in Eiweißmolekülen, oder von der Thermodynamik und Kinetik von Adsorptionsschichten bis zur Temperaturregelung bei Warmblütern reichen, um ein natürliches Zentrum ordnen, nämlich um den Begriff der Grenzfläche. Bezeichnen wir diese mit Trurnit[1] als den Ort besonderer Kräfte, unter deren Einfluß in zweidimensionaler Erstreckung

[1] Trurnit, H. J.; Fortsch. chem. org. Naturstoffe 4, 347, 1945.

eine Ordnung und Umordnung von Elementarbausteinen zustande kommt, so zeigen alle Abschnitte dieses Buches trotz der heterogenen Dinge die sie behandeln, dies zentrale Prinzip mit großer Deutlichkeit.

Physik der dünnen Schichten ist damit ein Teil der Physik der Grenzflächen. Gewisse Teilgebiete der Physik der Grenzflächen und Grenzschichten haben sich bereits zu weitgehend in sich geschlossenen Gebieten entwickelt, wie etwa das der Adsorptionsschichten, das der monomolekularen Schichten organischer Substanzen auf Wasseroberflächen, oder neuerdings das der optisch wirksamen dünnen Schichten; andere, wie das der Metallschichten, sind augenblicklich gerade in entscheidender Entwicklung begriffen.

Es ist Aufgabe der nächsten Zukunft, aus all diesen Teilgebieten sowohl den schon weit entwickelten als auch den noch in ersten Anfängen der Entwicklung stehenden, die heute oft noch ohne irgendwelche Beziehung zueinander dastehen, ein theoretisch und methodisch weitgehend in sich geschlossenes, selbständiges Forschungsgebiet aufzubauen, das der Grenzflächenbzw. Grenzschichtenforschung. Als dessen Aufgabe kann man die Erforschung der Bedeutung, die Grenzfläche oder Grenzschicht für die Umwandlung von Energien und Stoffen haben, bezeichnen. In ihm werden sich dann auch die heterogensten Erscheinungen um den zentralen Begriff der Grenzfläche oder Grenzschicht ordnen. Dieser Ordnung zu dienen, ist auch ein Zweck dieses Buches und ein Grund für die getroffene Auswahl.

SACHVERZEICHNIS

NAMENVERZEICHNIS

www.ingramcontent.com/pod-product-compliance
Lightning Source LLC
Chambersburg PA
CBHW080932240326
41458CB00144B/5699